U0052043

# 手縫OKの可愛小物
# 55個零碼布驚喜好點子

想不想親手製作自己專屬的

隨身包・化妝包或小飾品……呢？

以手縫就能簡單完成，就算沒有縫紉機也OK唷！

只要善用身邊的碎布或零碼布，

拿起縫針與縫線就可以馬上開始動工囉！

輕鬆就能完成的驚喜好點子，

一起試著動手作作看吧♥

Contents

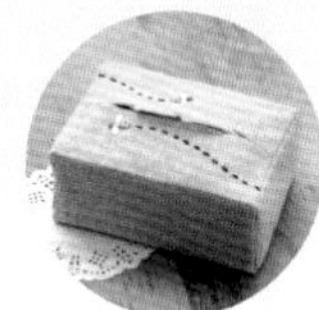

# 隨身包

不論是暫時外出，或午餐時間都非常好用的可愛包包。

## 黑白雙色肩背包

how to make：P.34

以玫瑰印花圖案與黑白格紋搭配，
製作簡易時尚的款式。
織帶蝴蝶結的開口設計，不但兼具機能性更提升了裝飾性。

製作：神谷智子　蝴蝶結：Hamanaka

1

# 優雅蕾絲迷你包

how to make：2 → P.36　3 → P.37

2

3

恰巧可收納錢包或手機的迷你包款。作品**No.2**的裡布為直條紋印花布，**No.3**則為藍色格紋印花布，若隱若現的布料讓包款更顯可愛俏皮。

製作：神谷智子　蕾絲(3)：Hamanaka

# 單把拼接時尚環保購物袋

how to make：P.38

4　　5

作品**No.4**以小碎花圖案＆直條紋搭配，加上立體的Yo-Yo布花作為視覺重點，

**No.5**則是以素面布料＆圓點圖案組合，並以蕾絲裝飾。

因為是以布料製作，所以摺疊後作為環保購物袋使用也很方便唷！

製作：東海林清美　蕾絲(5)：Hamanaka

# 條紋托特包

how to make：P.40

6

7

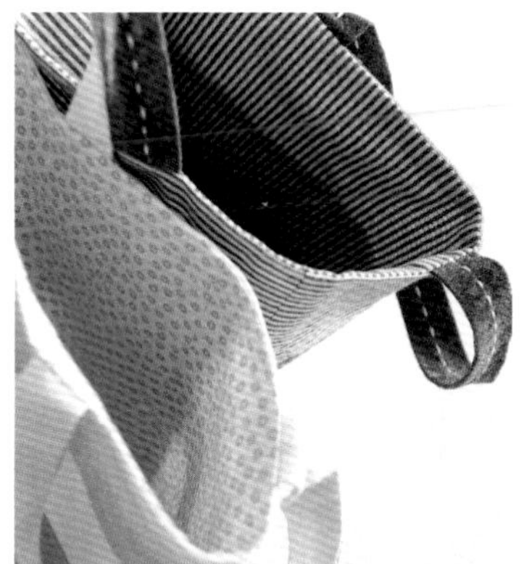

兩款都是給人清爽印象的條紋風格托特包，
作品**No.6**的提把中央特別加上刺繡設計，呈現自然不做作的感覺。

製作：太田順子　MOCO繡線（6）：FUJIX

# 皮革背帶極簡包

how to make：P.41

8

開口處可摺疊，是很精緻時尚的小型包款。隱約可見裡布使用的是紅色水玉布料，給人十分可愛的感覺。袋口製作深茶色的壓線也更提升了手作感。

製作：東海林清美　肩背帶：Hamanaka　MOCO繡線：FUJIX

# 格紋束口袋

how to make：P.42

9

束口的設計使用起來讓人感到很安心，
細繩兩端縫上與袋身相同布料的圓球作為裝飾，
讓整體更顯得可愛了。

製作：渋澤富砂幸

# 浪漫蕾絲口金包

how to make：P.44

10

清爽的棉麻布料襯托出清甜的女孩風味，
搭配霧金色手挽口金，
加上了側邊蕾絲帶，讓整體包款的氛圍更融洽了。

製作：加藤容子　手挽口金：INAZUMA

手挽口金的拆卸相當方便，旋開螺絲，將固定支架穿入袋口預留的穿孔，再鎖上螺絲即可，如果想更換別款手挽口金搭配也很OK唷！

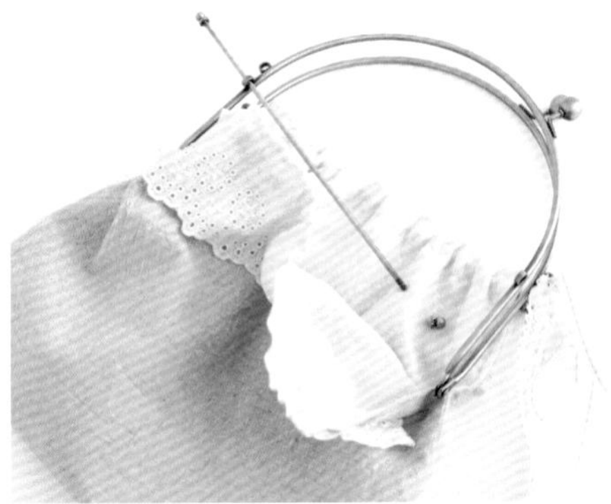

# 彈簧口金超迷你小包

how to make：P.45

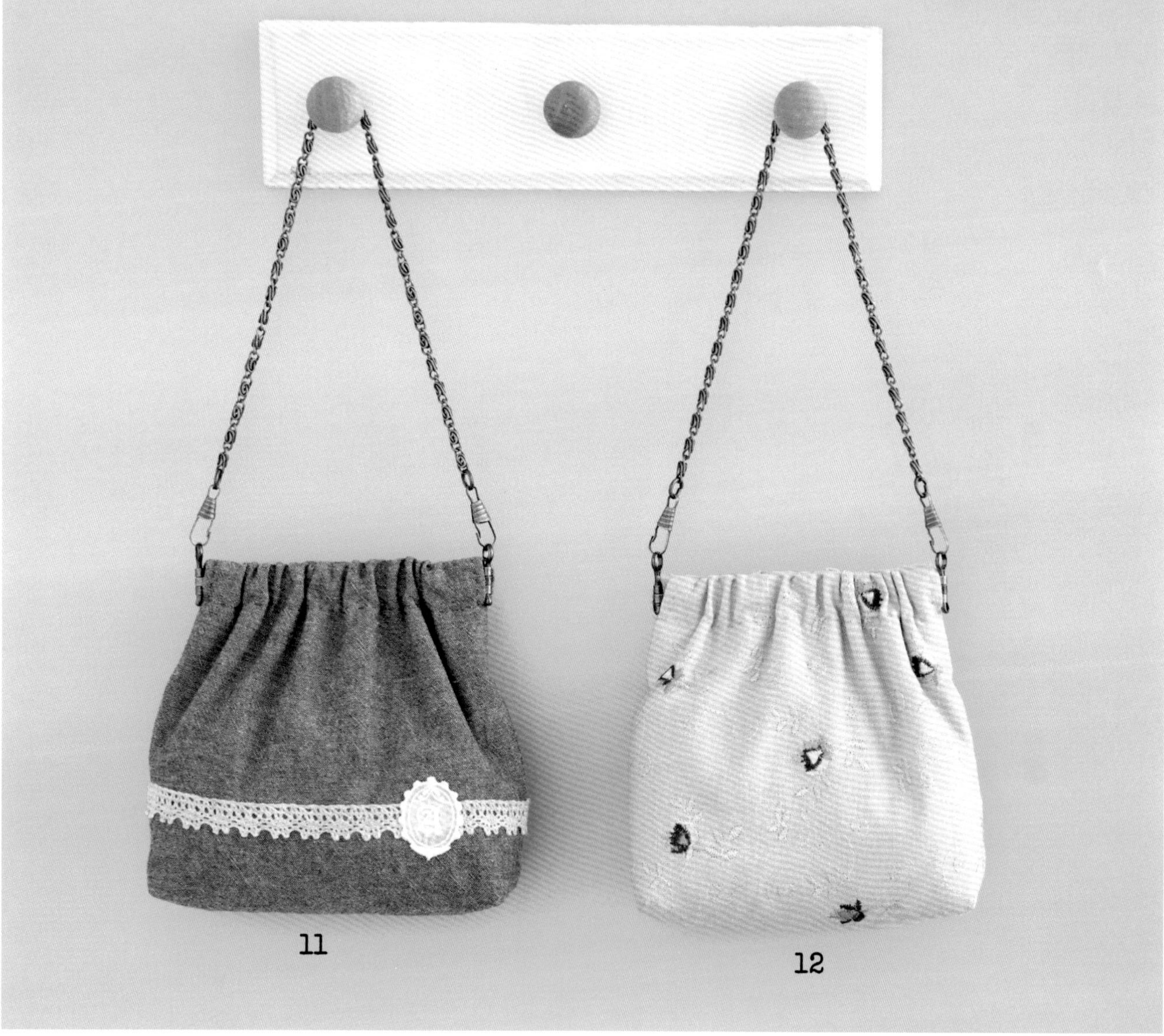

11

12

輕輕一押袋口兩側，彈簧片就會打開囉！
加上鍊條式的提把更顯得優雅，更提升了整體完成度，
這樣簡單製作的包包，很容易就不經意就多作了好幾個呢！

製作：渋澤富砂幸　蕾絲（11）：ハマナカ

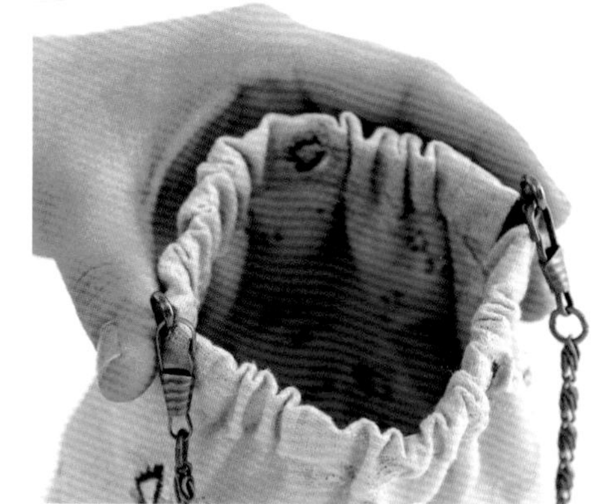

# 袋中袋

化妝品、手機、筆袋……就把所有想帶出門的東西，以袋中袋完美收納吧！

## 格紋化妝包

how to make：P.46

13

14

想隨身攜帶化妝品或護手霜時，
最需要這樣大容量的化妝包了。
作品**No.13**是縫有蕾絲徽章裝飾的英倫風化妝包，
**No.14**則是以布面印花搭配刺繡的素雅款化妝包。
兩款在拉鍊上都作了用心的裝飾喔！

製作：東海林清美　MOCO繡線（14）：FUJIX

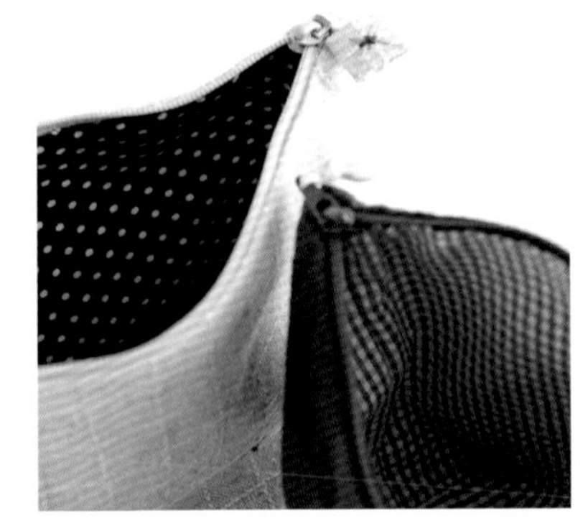

15

# 口袋式2way面紙套

how to make：P.47

超可愛的口袋式2way面紙套以紅白雙色搭配，
加上拉鍊的獨特設計，
讓你不只收納衛生紙，還可以放入糖果．OK蹦……
或暫時收納使用過的衛生紙也很便利喔！

製作：福田美穗

# 筆袋&印章包

how to make：16 → P.48　17 → P.43

16

17

表面的水玉印花搭配攤開時裡面的格紋圖案，真是讓人愛不釋手，
印章包的皮繩尾端縫上小小的鈕釦，設計上更顯得小巧精緻。

製作：神谷智子

# 口金小物包

how to make：P.50

18

19

珠頭口金包超級的可愛！搭配尺寸不同的水玉印花布，
拼接處也絲毫不馬虎的縫上裝飾線，
增添手縫獨特的溫暖魅力。
成品的尺寸長約14.5cm．寬約15cm。

製作：太田順子　口金：INAZUMA　MOCO繡線：FUJIX

使用市售的鑰匙環也能完成簡單的鑰匙包唷！
表面是典雅的花朵印花布，
攤開後則是格紋布料的設計，
中間加上了單膠棉，讓整體更加柔軟蓬鬆，
看起來更可愛喔！

製作：神谷智子

## 鑰匙包

how to make：P.49

20

# 糖果風印花化妝包

how to make：P.52

可愛的布料就像是糖果包裝紙一樣迷人，
長形條狀化妝包因為加上了大容量的側身設計，
所以收納力超優，
使用上也很便利唷！

製作：加藤容子

# 束口袋

how to make：P.53

23

24

可愛的束口袋絕對是包包收納小物好幫手唷！
不論擁有幾款都不嫌多，這次特別選用同色系的表布＆裡布製作，
如果想發揮創意使用不同色系也很OK，
試著挑選自己喜歡的布料來作作看吧！

製作：福田美穗

# 粽子造型化妝包

how to make：P.54

25

26

造型獨特的粽子形（三角錐）化妝包，
鮮豔的拉鍊配色是設計上的吸睛重點，
加上圓形的拉鍊裝飾，更別具風味呢！

製作：神谷智子

不論是居家飾品．廚房收納．還是午休小道具……
試著運用自己喜歡的布料來作家裡的可愛小物吧！

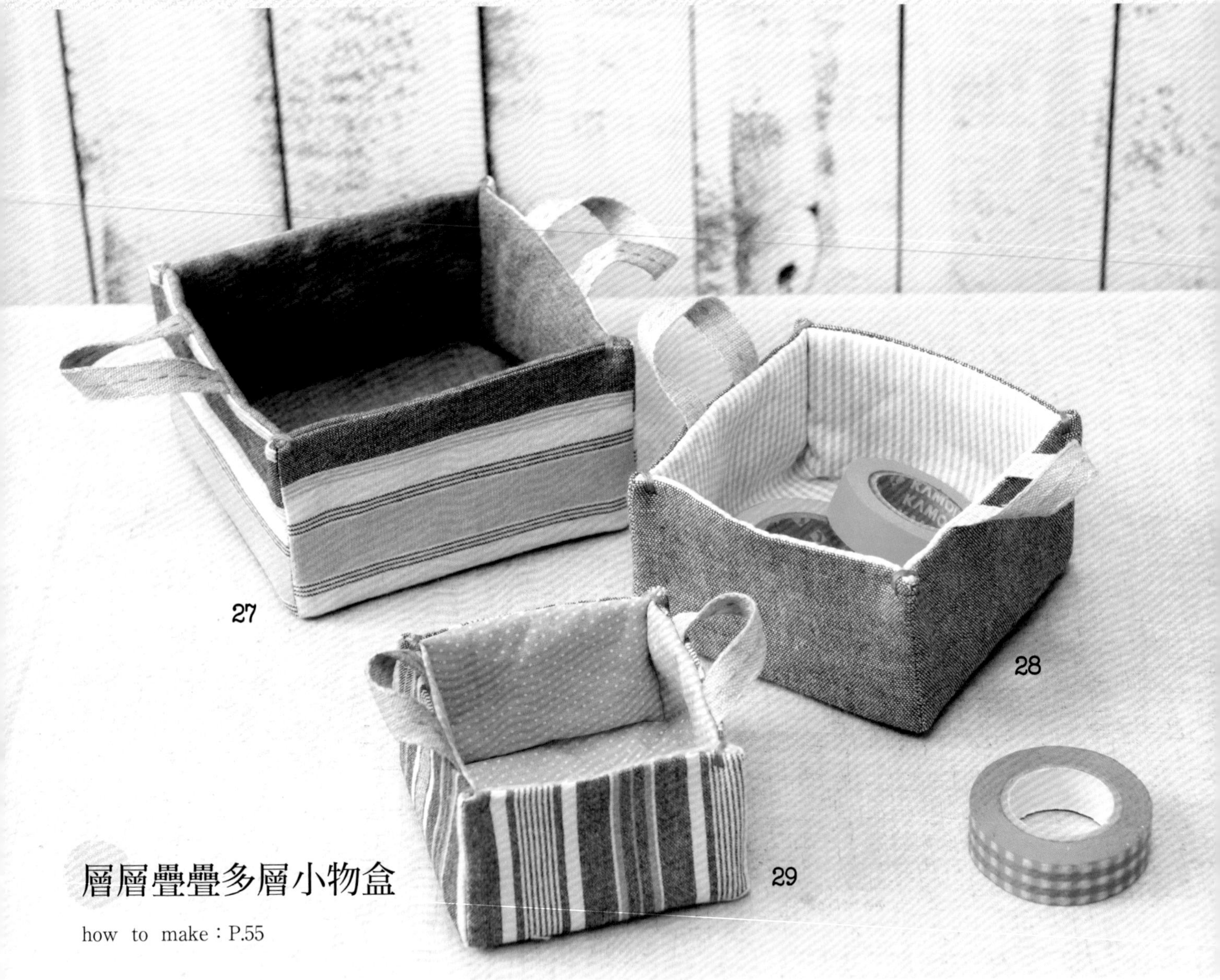

27

28

29

## 層層疊疊多層小物盒

how to make：P.55

大．中．小不同尺寸的小物盒，不使用的時候，
可以重疊收納，一點也不占空間。
搭配條紋布料、素色布料與圓點布料，整體顯得相當時尚。

製作：渋澤富砂幸　蕾絲：Hamanaka

# 針插&線剪收納包

how to make：30.31 → P.56　32 → P.57

以喜歡的布料來製作針插與線剪收納包，
更增添了手作的快樂時光。
多作一些針插，
還可以作為不同針種的分類，
非常方便喔！

製作：渋澤富砂幸／織帶：Hamanaka

# 八角形置物盒

how to make：P.58

內側使用了小碎花布料製作，隱約從側面透出的花紋，帶有些許低調可愛的感覺。
可依心情&喜好，放入縫紉工具或小點心，
讓生活增添一點不同樂趣。

製作：渋澤富砂幸　MOCO繡線：FUJIX

## 面紙隨身包收納盒

how to make：P.59

有時候為了便利與不浪費，
常會順手拿取路上發送的面紙隨身包，
但這些面紙隨身包的庫存該怎麼收納呢？
將這些面紙隨身包放入這樣可愛的罩盒收納，
瞬間整齊了起來呢！

製作：福田美穗　MOCO繡線：FUJIX

## 面紙盒套

how to make：P.60

將兩片四角形布料重疊車縫，然後只要再縫上包釦，
就可以完成這樣令人驚喜的設計款式了。

製作：加藤容子　包釦：CLOVER

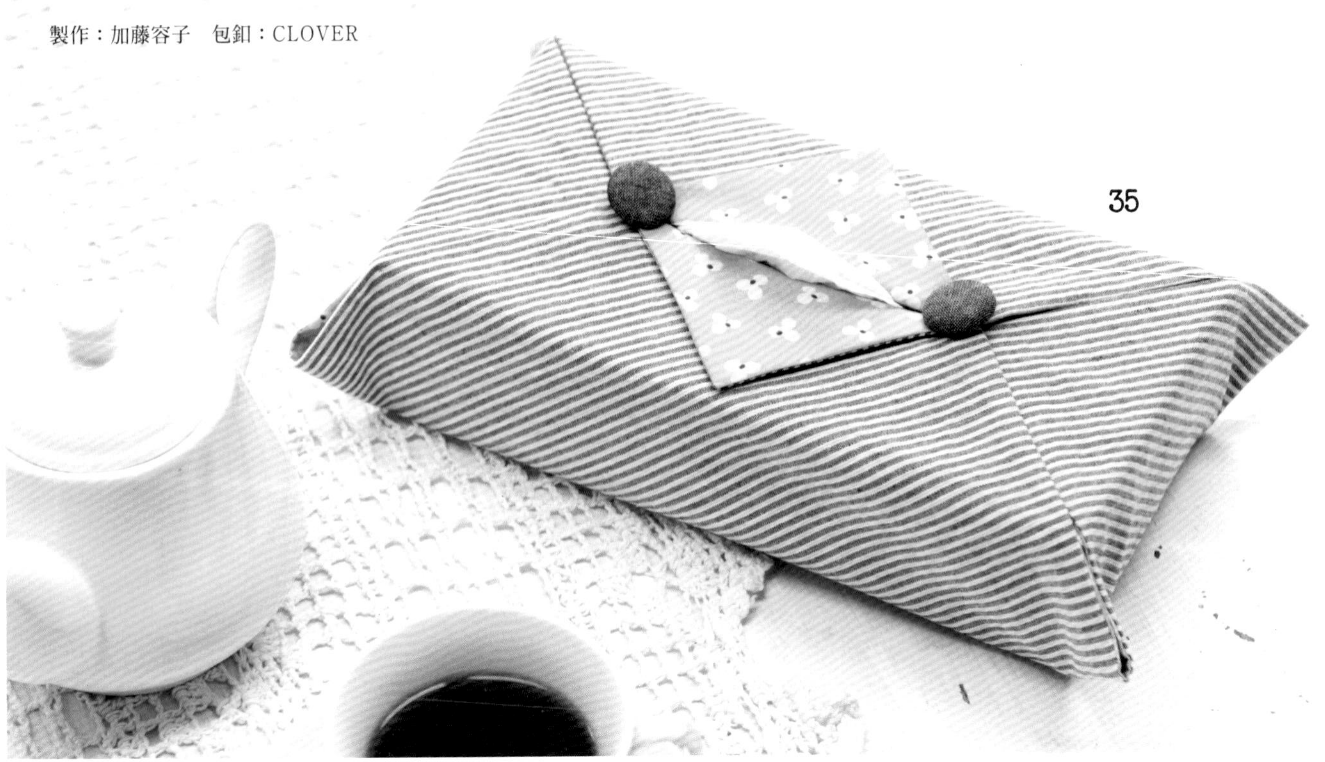

# 午餐餐墊&杯墊

how to make：P.61

37

36

38

作品No.36・No.38的背面皆使用可愛的格紋布料，
No.37則使用素色麻布，是雙面都能使用的款式唷！
以紅色繡線襯托出時尚俏皮的感覺，
讓午茶時光更增添了幾分樂趣。

製作：太田順子　MOCO繡線：FUJIX

39

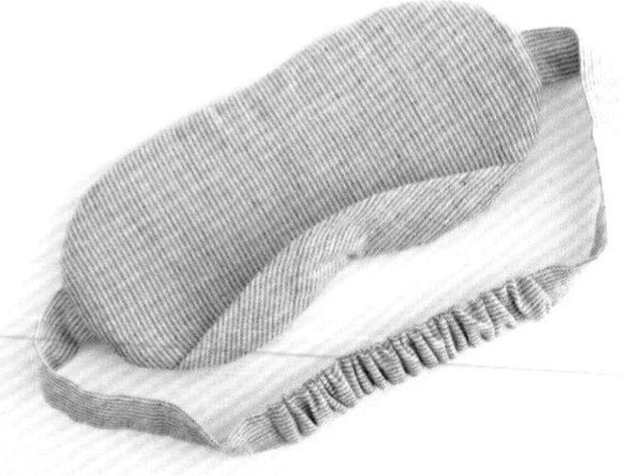

超貼心的遮布設計，
可以遮擋由鼻子底下透出的光線唷！

# 眼罩＆可愛花生形狀抱枕

how to make：39 → P.62　40 → P.64

有了特殊設計的眼罩與可愛抱枕
一定能讓你的午休時光更加舒適，
使用自然柔和色系的布料製作，
連心情都變清爽囉！
抱枕是可愛的花生形狀，
更可以服貼頭形，讓你睡得更香甜呢！

No.39製作：西村明子　No.40製作：福田美穗

40

## 簡易布花盆

how to make：P.65

來讓家裡的盆栽顯得更有品味吧！
只要以自然的大地色系布料裝飾，
就能散發出可愛的雜貨風。

製作：西村明子
MOCO繡線：FUJIX

## 居家手作鞋

how to make：P.66

42

在寒冷的季節裡，最想要一雙溫暖的居家手作鞋了，
同色系的裡布與蝴蝶結裝飾設計，
看起來更加給人可愛的印象。

製作：福田美穗

44

45

43

# 茶壺墊

how to make：43 → P.69　44・45 → P.70

作品No.43以多款的綠色系布料製作，縫製Yo-Yo布花後再進行接縫，就能輕鬆完成這樣清爽印象的茶壺墊了。作品NO.44・NO.45內層皆夾入襯棉壓線，使作品看起來較為蓬鬆可愛，No.44背面為小碎花圖案，No.45則是與正面同樣的配色，這兩款也都是可以雙面使用的設計唷！

No.43製作：西村明子　No.44・No.45製作：酒井三菜子
MOCO繡線：FUJIX

# 廚房隔熱手套

how to make：P.72

加上吊耳布的廚房隔熱手套變得更方便了，
不需要時，可以掛於掛勾上，想要使用時，馬上就可以快速取得，
以素麻布襯托出紅色的碎花圖案，讓廚房用品也可愛了起來。

製作：酒井三菜子

# 餐具收納盒

how to make：P.71

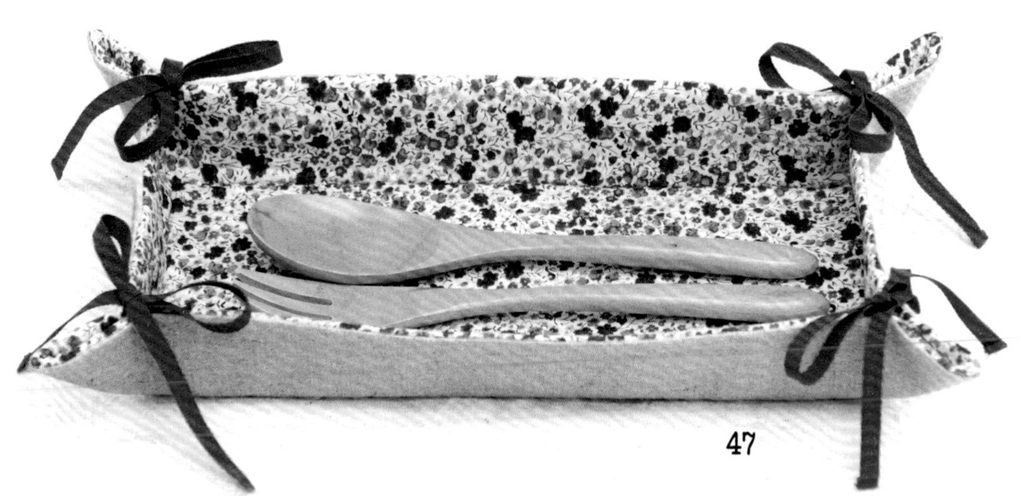


可愛的餐具收納盒讓餐桌上也顯得春意盎然，
中間夾入單膠棉再綁上紅色蝴蝶結，可使整體輪廓更為立體。

製作：酒井三菜子

# 時尚布小物

簡單的小胸花總能傳達出手作的溫暖感覺，
只需要準備一些零碼布，你也可以完成這樣可愛的飾品喔！

48

## 胸花

how to make：P.74

以不收邊技巧製作的花瓣，搭配手縫壓線創造蓬鬆效果，
展現恰到好處的立體感。
不用專業的特殊工具也能輕鬆製作，
一起擁有這款成熟又可愛的胸花別針吧！

製作：西村明子　蕾絲：Hamanaka　MOCO繡線：FUJIX

搭配上藤編提籃的裡布一起製作，更顯別緻！
使用相同的布料製作，
更能提昇時尚感唷！

## 項鍊

how to make：P.75

以斜布條製作出圓筒狀的布條，
再置入直徑1.4cm的壓克力珠數顆，
將壓克力珠中間分別打結，
完成後於兩邊縫上蝴蝶結織帶，
就完成時尚又可愛的項鍊了唷！

製作：西村明子　蝴蝶結：Hamanaka

## 髮帶

how to make：P.76

用途就像髮箍一樣，
鬆緊帶也能變身可愛的髮飾唷！
典雅髮帶既不會過於緊繃，
又相當服貼方便造型。

製作：西村明子
蕾絲：Hamanaka

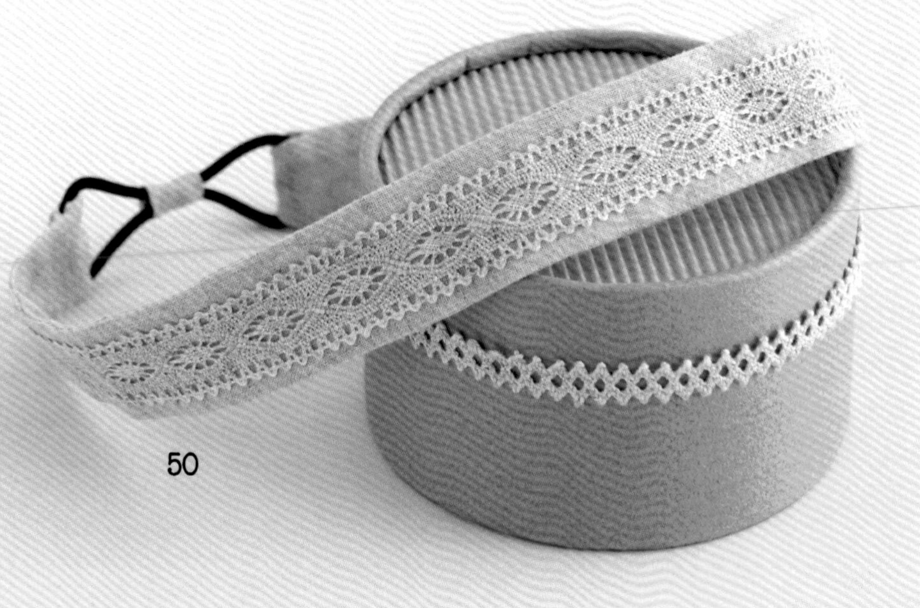

# 髮夾&髮圈

how to make：51→P.76　52・53→P.77

只需要少許布料就能完成的包釦創意，
運用各種不同圖樣的布料來完成可愛的髮飾吧！
作品**No.51**是使用三款布料創作的俏皮髮夾，
作品**No.52**・**No.53**的髮圈則是使用大小不同的包釦作出來的。

製作：西村明子　包釦：CLOVER

# 可愛螢幕擦吊飾

how to make：P.78

一般的3C產品，像電話、智慧型手機或平板電腦……
往往都有螢幕裝置，若是感到有點髒了，
就能馬上以這個可愛的吊飾來擦拭，
作品**No.54**為老鼠造型，**No.55**則是小兔子造型的設計。

製作：西村明子

肚子採用不織布材質製作，
可以將螢幕擦拭得非常乾淨，
或改以眼鏡布材質製作，
也是很好的選擇。

# 開始製作之前

## ●縫紉工具介紹

手縫線・道具提供　F＝FUJIX　C＝CLOVER

縫針●使用較短的縫針進行手縫，使用起來較為方便。

C

C

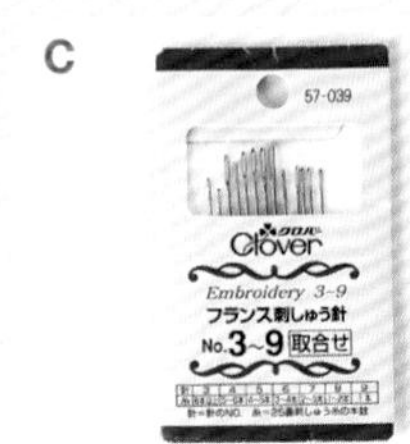


**手縫針**

依布料的厚度選擇針種。

**刺繡針**

如果要以繡線手縫不織布類的材質時，建議選用針孔較大的刺繡針。

**刺繡針（原寸比例）**

由上至下，依序為適合薄布料、普通布料使用的刺繡針。

裝飾線●於布料表面縫製裝飾線時使用，亦可作為手縫線使用。

F

**25號繡線**

由六股細線撚合而成的繡線，可將其一股一股的抽出使用。

**MOCO繡線**

與毛線有些相似，是比較粗的手縫裝飾線。

C

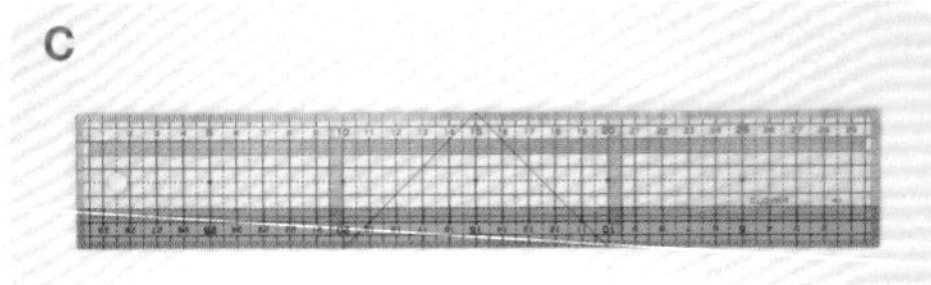

直尺●印有方格的直尺使用起來非常便利唷！

縫線●手縫線與車縫線的構造不同，使用時，請依布料來選擇縫線喔！製作時，縫線也請選用與布料相互搭配或相近的顏色。

F

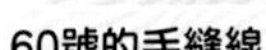

F

**60號的手縫線**

適用：普通至薄質布料手縫時適用。

**50號的手縫線**

適用：普通至有熨燙單膠襯棉的布或是有點後的布料時使用。

C

頂針●使用較短的手縫針時使用。

水消筆●淺色布料建議使用水藍色或粉紅色水消筆，深色布料則建議使用白色水消筆，可使線條更為明顯。製作成品後只需以清水擦拭即可消除。

C

珠針／針插●使用較細的珠針時可簡單收納。

剪刀●a……紗剪　b……布剪
c……剪紙剪刀

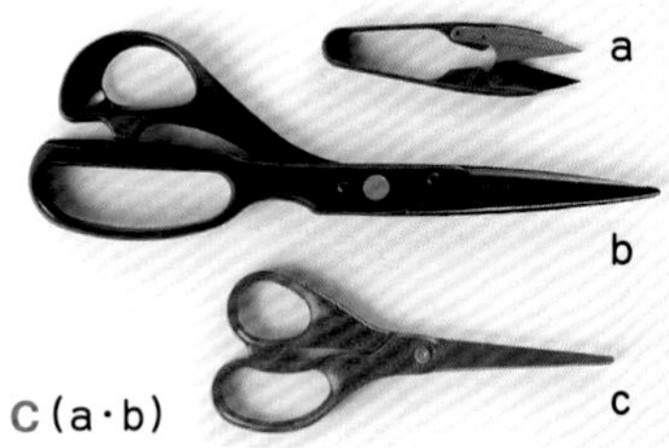

a
b
c
C（a・b）

## ●布料的種類

格紋棉布、印花薄棉布、素色棉布、粗麻布或不織布……都非常適合完成簡易布作唷！除了過厚的布料或過硬的素材之外，都能手縫製作，但須盡量避免以織紋密實的麻布或棉織物製作比較好。

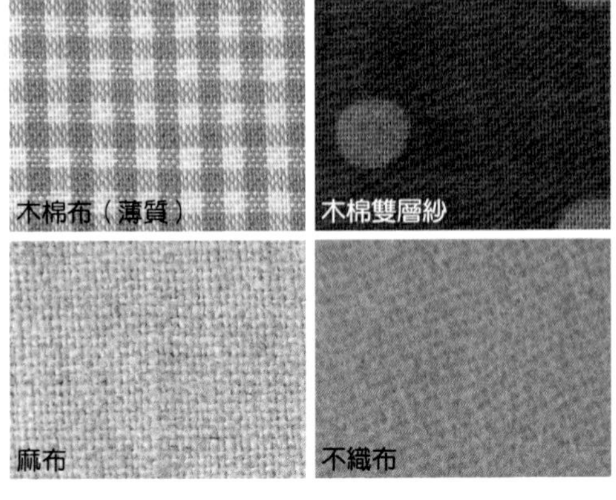

木棉布（薄質）　木棉雙層紗
麻布　不織布

## ●布襯的種類

棉質布襯●若想要作品呈現較硬挺造型，可於背面熨燙棉質布襯，以熨斗低溫壓燙使其黏合就完成了。

接單膠襯棉●若想要使化妝包或簡易布作看起來較蓬鬆，可以於布料背面熨燙單膠襯棉就OK囉！

棉質布襯
單膠襯棉

## ●始縫結

於縫線尾端打結後，便可開始進行縫製。

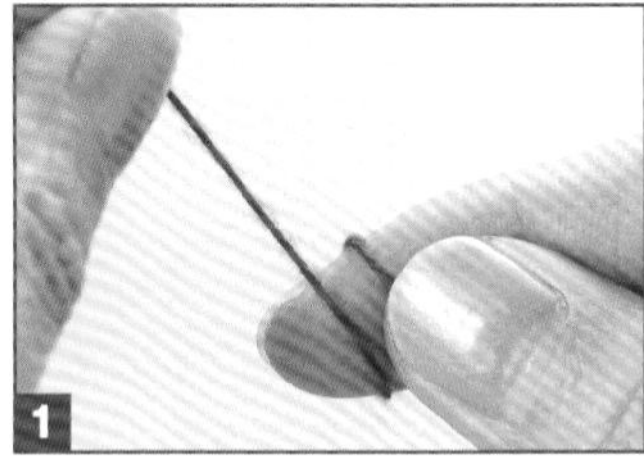
1 將縫線繞食指一圈。

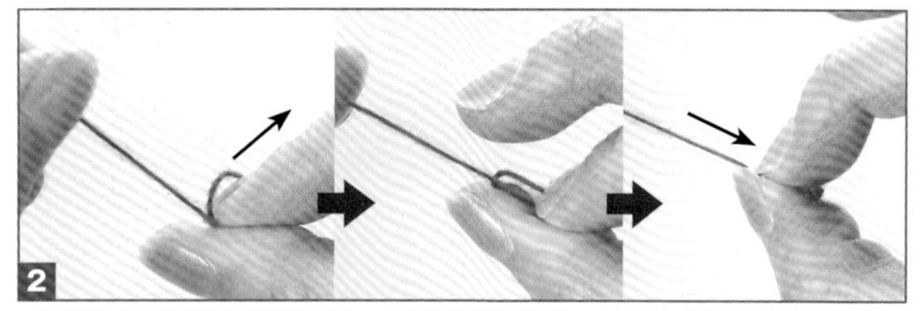
2 食指往大拇指根部搓撚滑動，使縫線離開食指，並以大拇指和中指壓住縫線的尾端。

3 拉出縫線形成線結即完成。

## ●止縫結

手縫後，須作出止縫結並修剪多餘縫線。

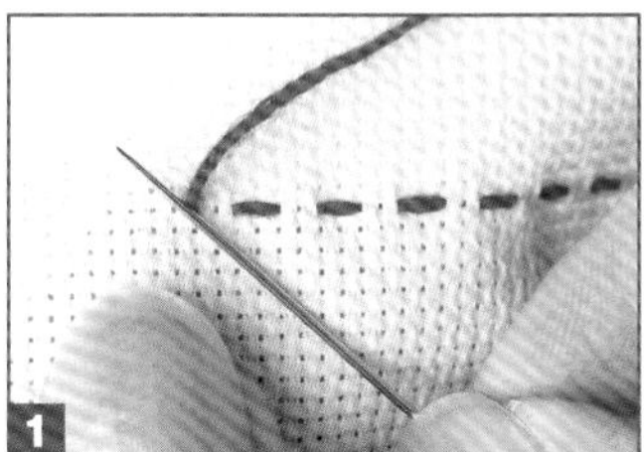
1 縫製完成後，於最後的針趾上放上手縫針。

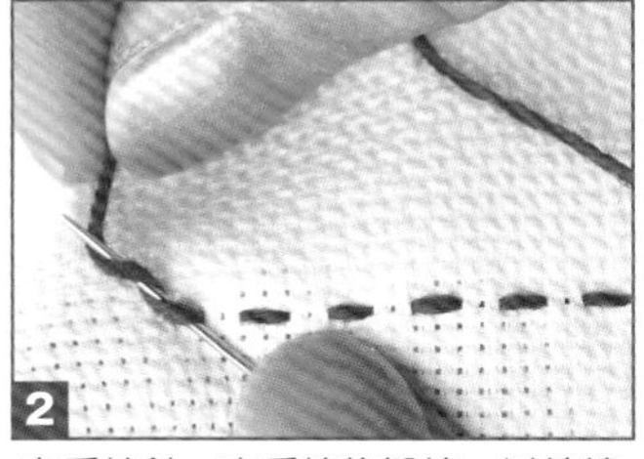
2 左手持針，右手拉住縫線，以線繞針約兩至三圈。

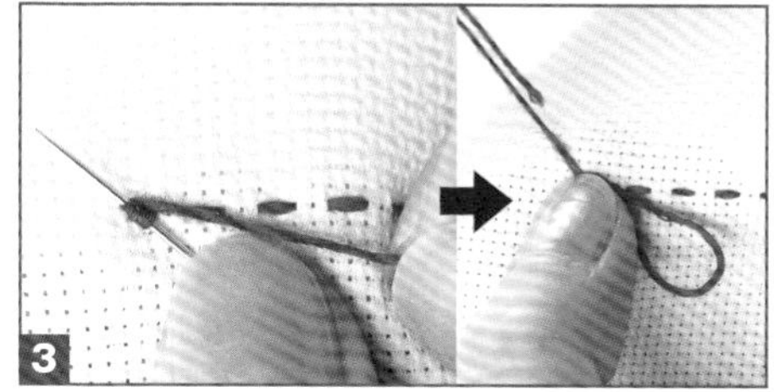
3 將縫線固定於針的下方，再以大拇指壓住縫線並抽出。

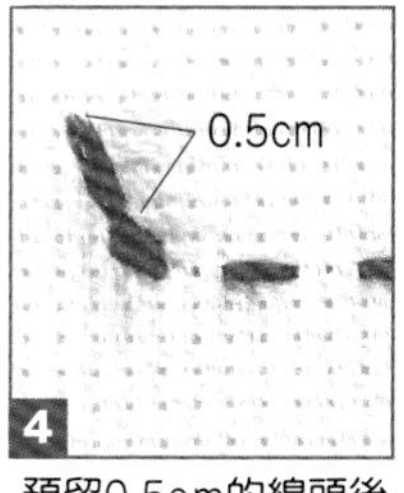

4 預留0.5cm的線頭後修剪多餘縫線。

## ●平針縫

正面與背面的針趾皆相同。

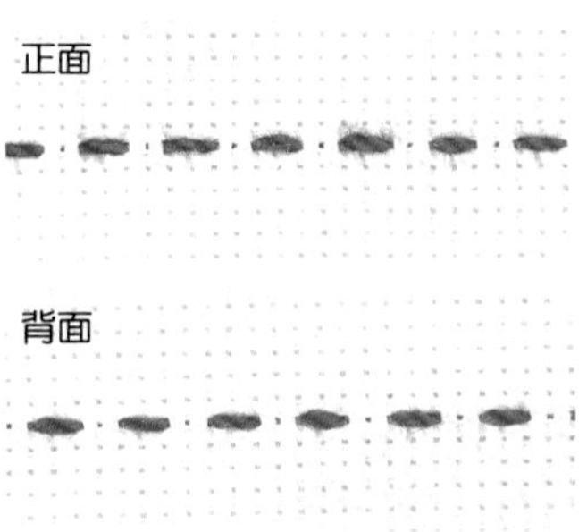


1 拿起縫針，先開始進行手縫一至兩針。

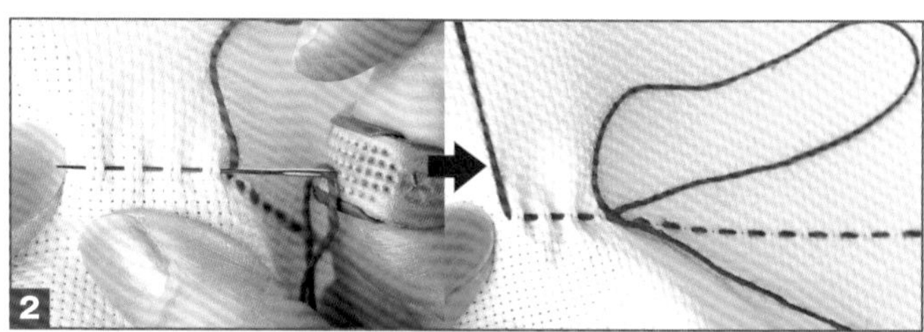
2 等到縫針固定之後，以套於中指的頂針一邊按壓縫針，一邊抽出縫線。

## ●布料的拿法與縫製

由布料右側開始進行手縫。

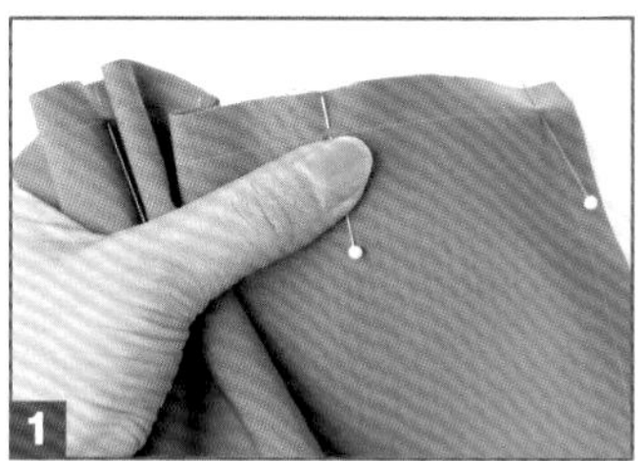
1 以右手持針，左手持布的方式，一邊手縫，一邊將布料慢慢的靠近。

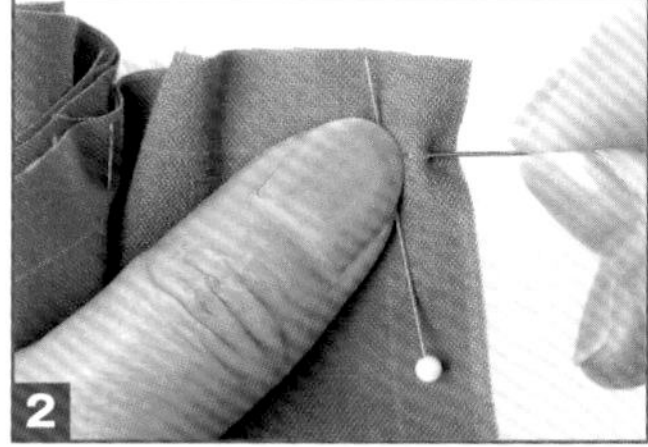
2 於縫份處入針，第一針需進行回針縫（請見P.32）再開始手縫。

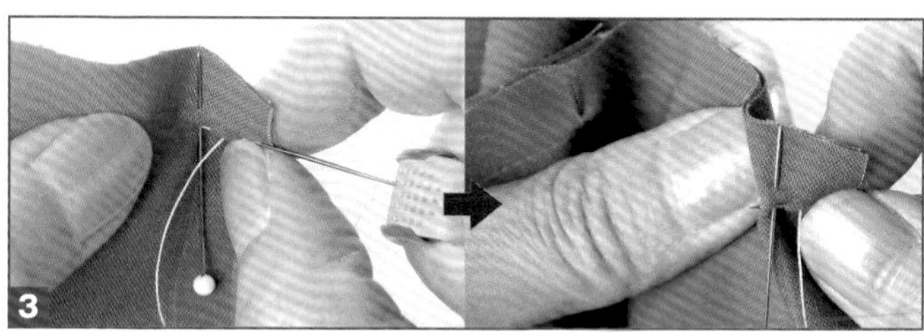
3 一邊以套於右手的頂針推出縫針，使針尖往前約寬0.2cm左右扎入布料，再一邊以左手使布料往前移動。

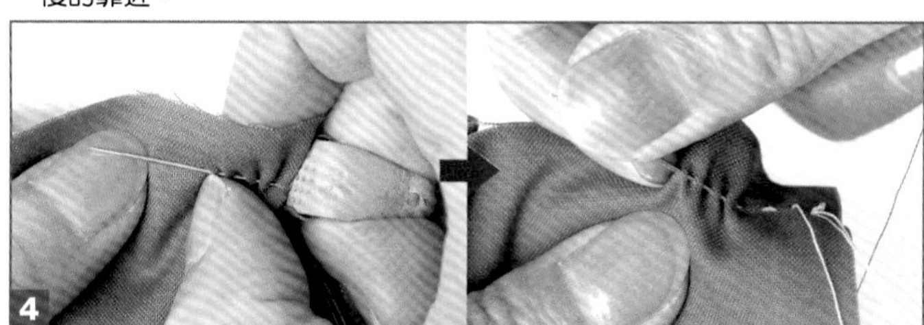
4 手縫約五至六針之後，以頂針推出縫針並抽出縫線。

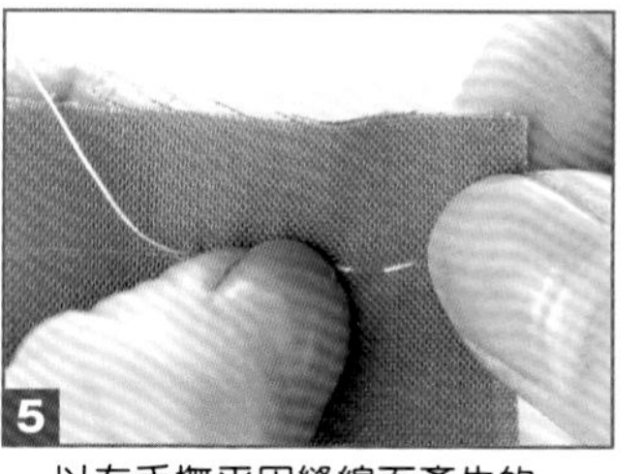
5 以左手撫平因縫線而產生的縐褶。

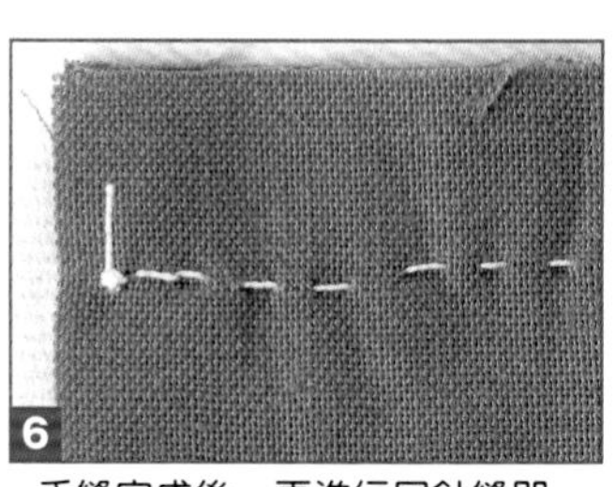
6 手縫完成後，再進行回針縫即完成。

# 開始製作之前

## ●半回針縫

每縫一針就往回縫製一次的手縫技法，適用於需要比平針縫更加堅固時。

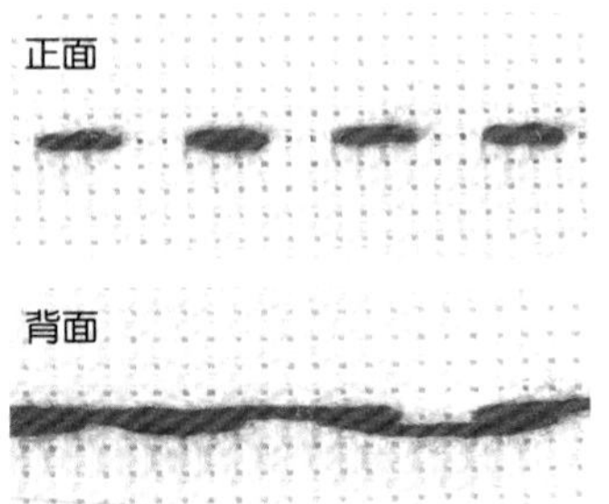


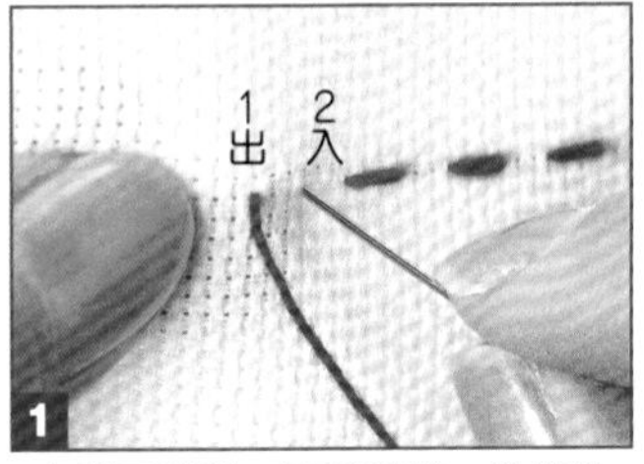


由背面出針，再回到前一針的針趾距離處入針。

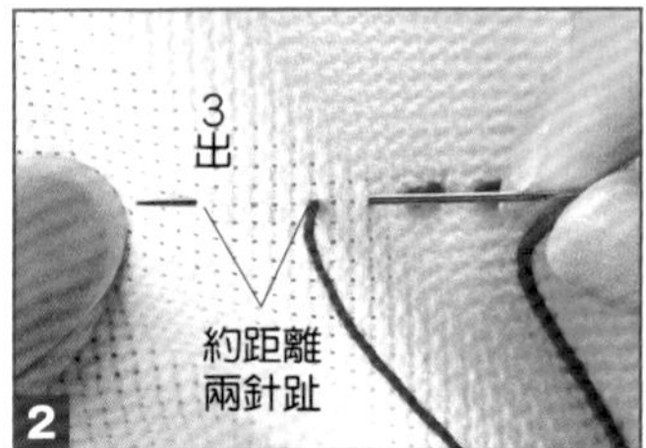


往前約兩針趾的距離處出針，抽出縫線，以1．2．3的順序重複步驟。

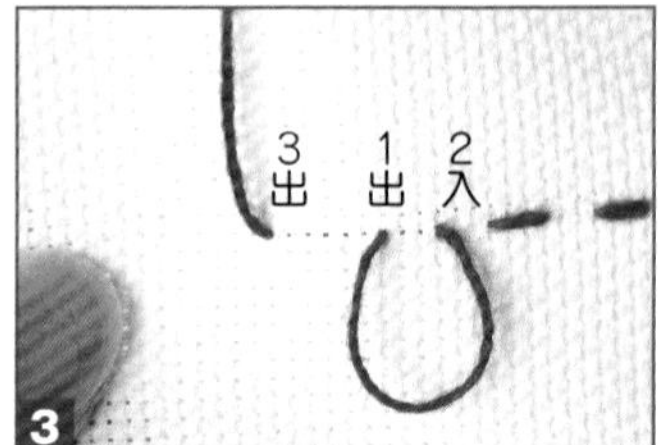


重複1．2．3的順序步驟。

## ●回針縫

亦可稱為全回針縫，由正面看來與車縫的針趾非常相似。
比半回針縫更加牢固，通常用於包包的提把縫製或拉鍊固定。

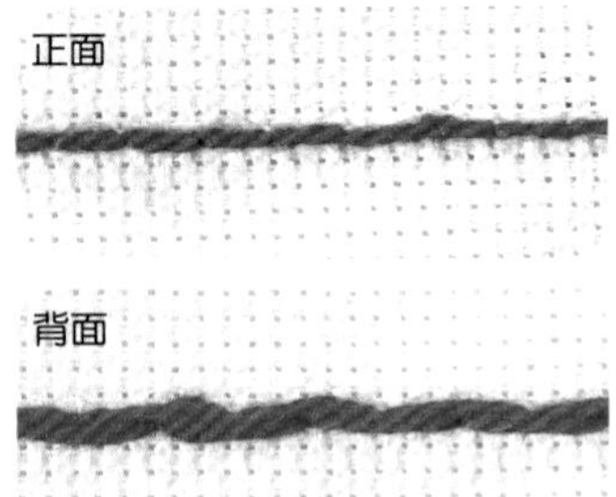


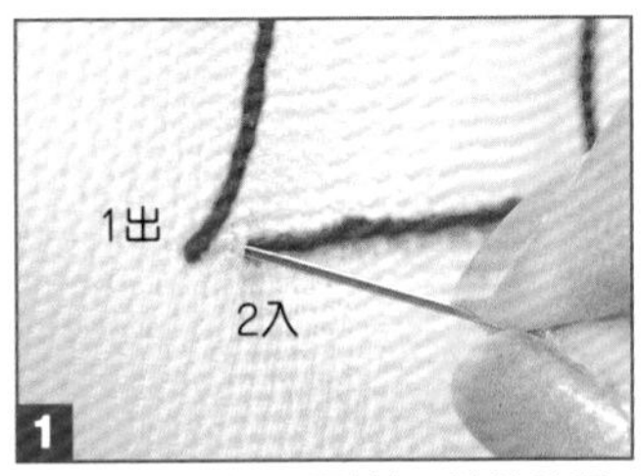


由背面出針，回到前一針針趾距離處入針。

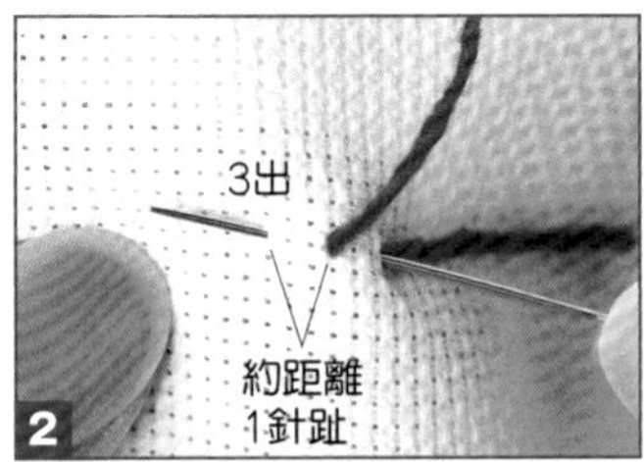


再往前約距離一針趾處出針。

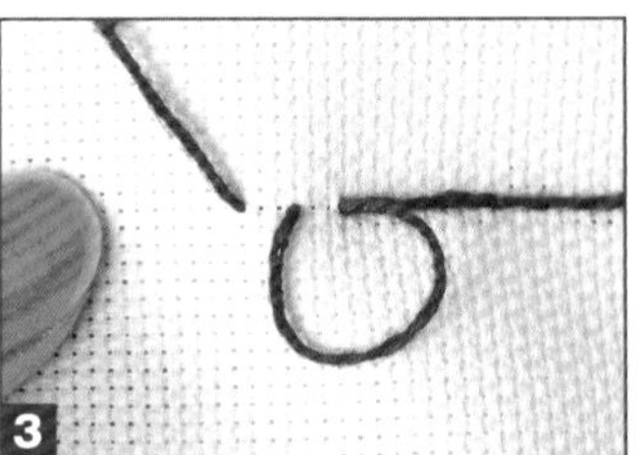


抽出手縫線。

## ●藏針縫

以「藏針」的手縫技法製作，可使成品由正面看不太到針趾。

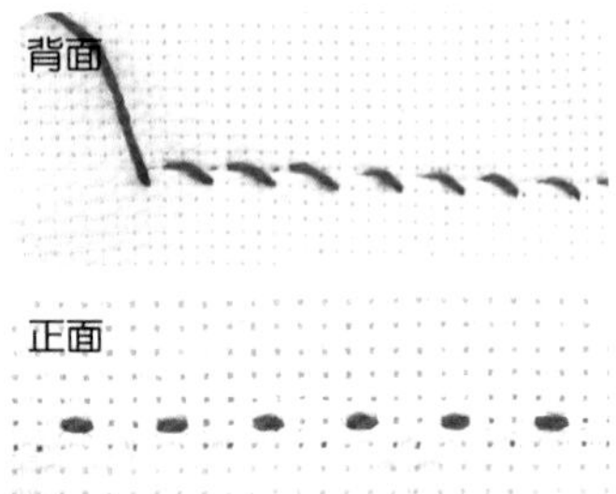


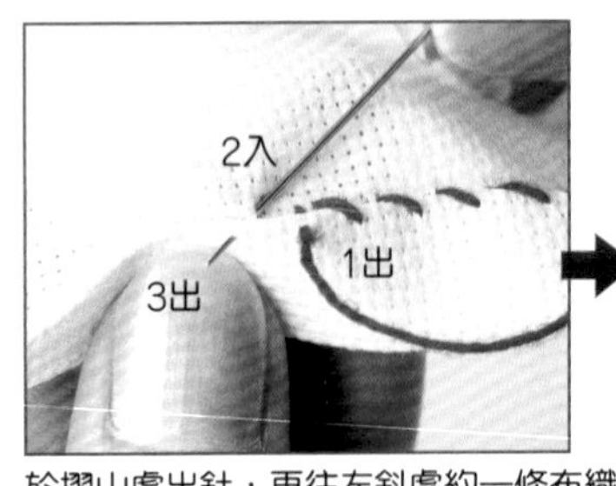


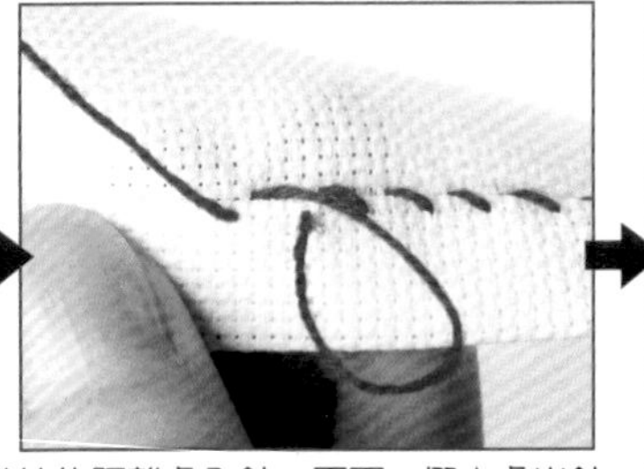

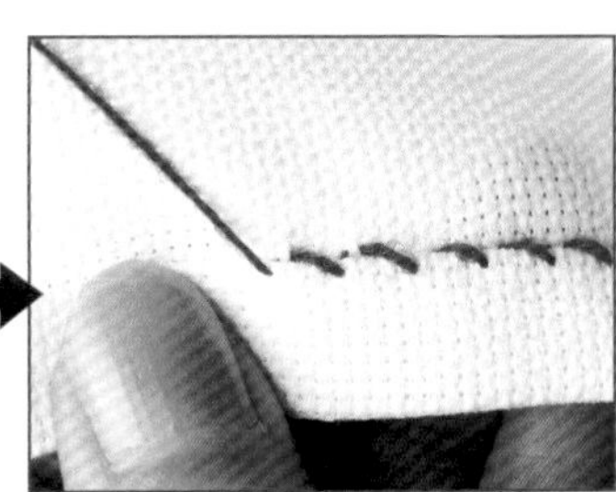

於摺山處出針，再往左斜處約一條布織紋的距離處入針，再下一摺山處出針。手縫針趾會呈現斜紋走向。

## ●立針縫

針目看起來像是直向的藏針縫技法，此方法由正面同樣看不太到針趾。

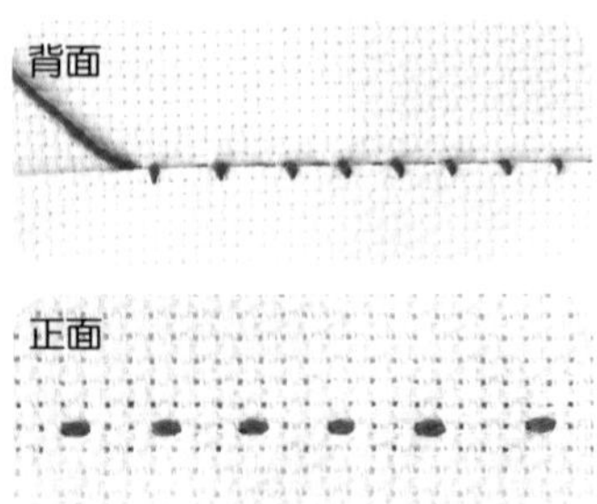


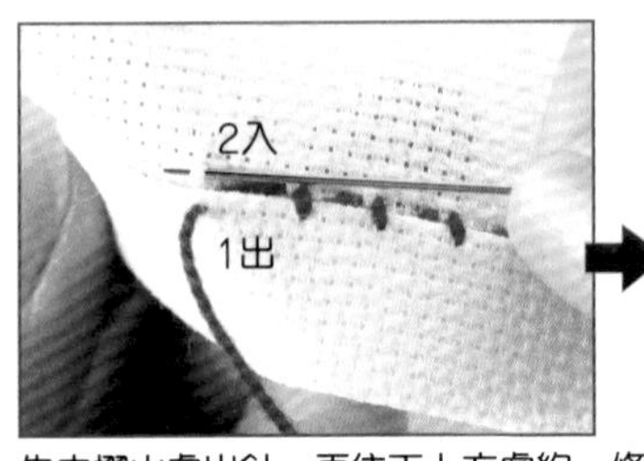


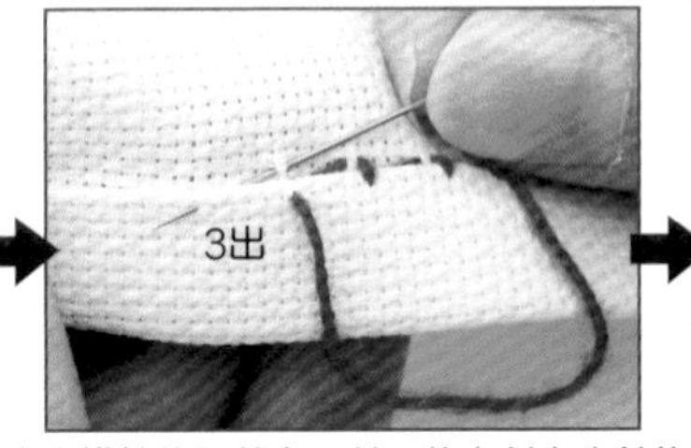


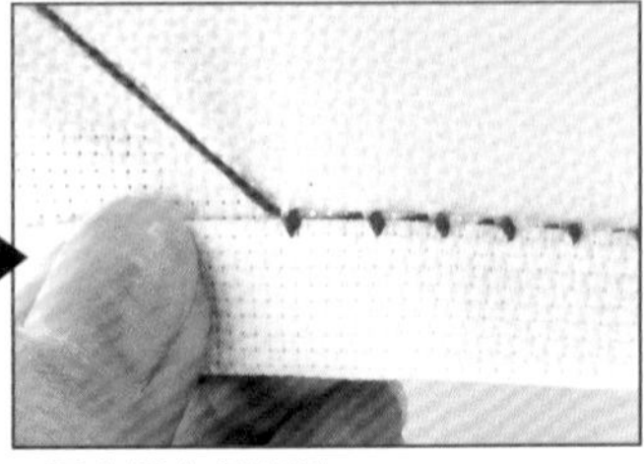

先由摺山處出針，再往正上方處約一條布織紋的距離處入針，往左斜向出針後，再由摺山處出針。

## 裁布圖記號

| 完成線 | 說明線 | 摺雙 | 摺山線 | 釦子 |
|---|---|---|---|---|
| | | | | |

| 布紋線（箭頭方向為與布邊平行的直布紋） | 等分線・表示相同長度 | 表示褶襇的摺疊方向 |
|---|---|---|
| | | b a ➡ b a |

## 認識裁布圖＆裁剪方法

這本書的裁布圖與紙型皆不含縫份。各作品之縫份皆標示於作法頁，請依指定寬度將縫份描繪於布料後，再進行裁剪。

### 參考範例

◆裁布圖皆無附縫份尺寸。需外加上◯內的指定縫份寬度再進行裁剪。

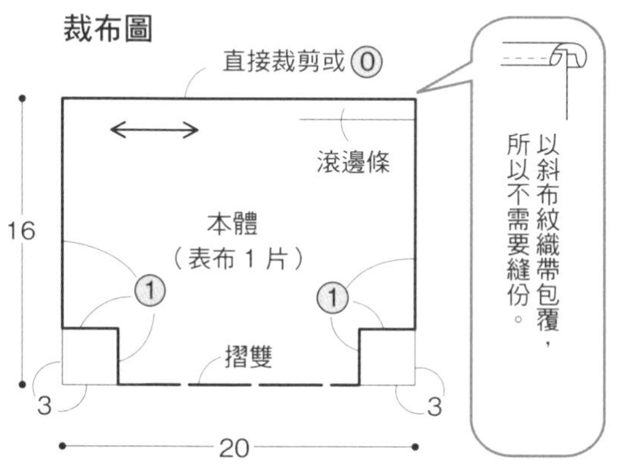


◆裁布圖皆無附縫份尺寸。請自行外加1cm的縫份再進行裁剪。

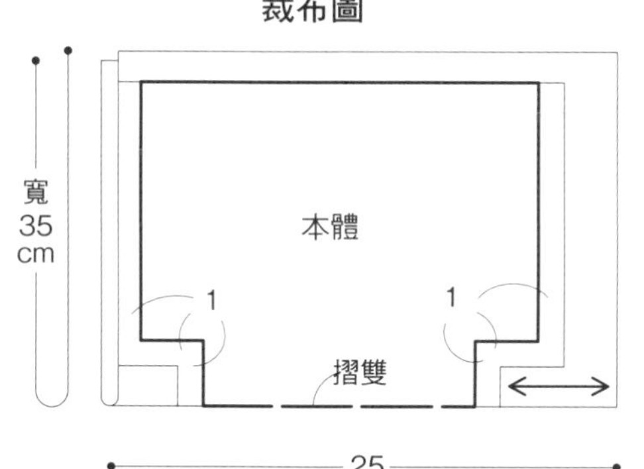


## 刺繡針法

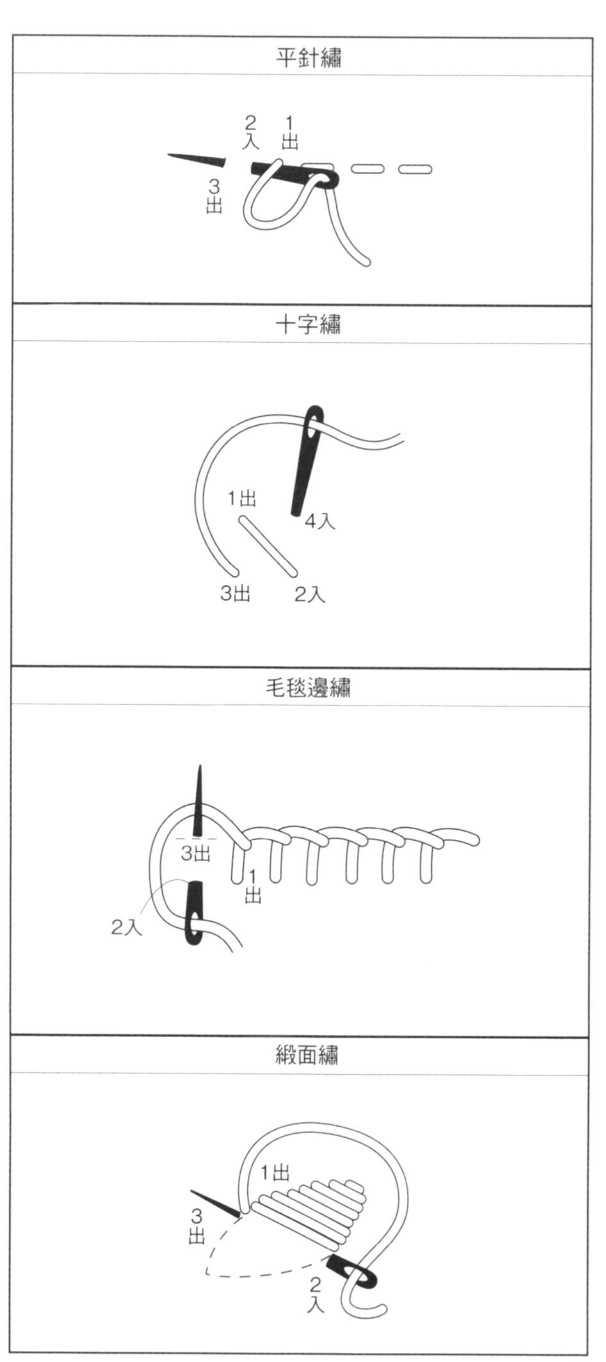

■ 材料

A布（花朵圖樣棉麻布）25×40cm

B布（格紋棉布）25×55cm

C布（素色棉布）50×55cm

織帶（蝴蝶結織帶・
Hamanaka H714-006-024・寬0.6cm）70cm

◆原寸紙型・裁布圖/P.35

製作方法

1 製作提把。

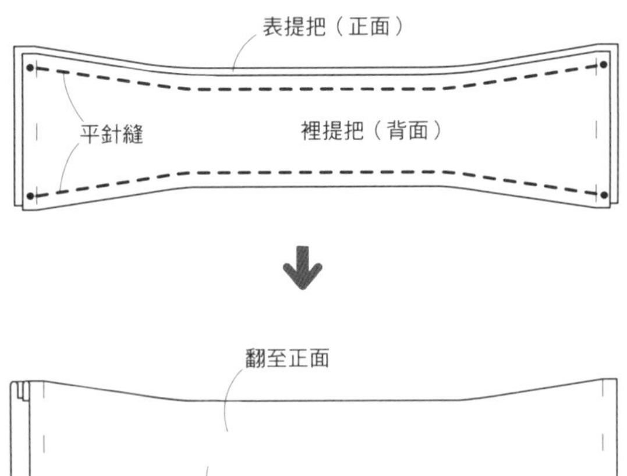


2 縫製表袋身＆表側身。

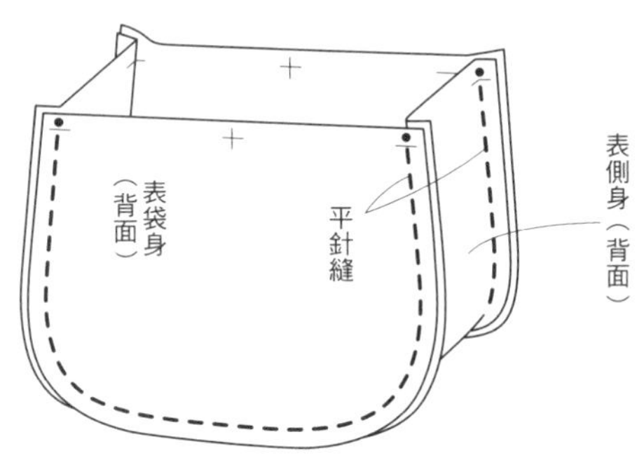


3 縫製裡袋身＆裡側身。

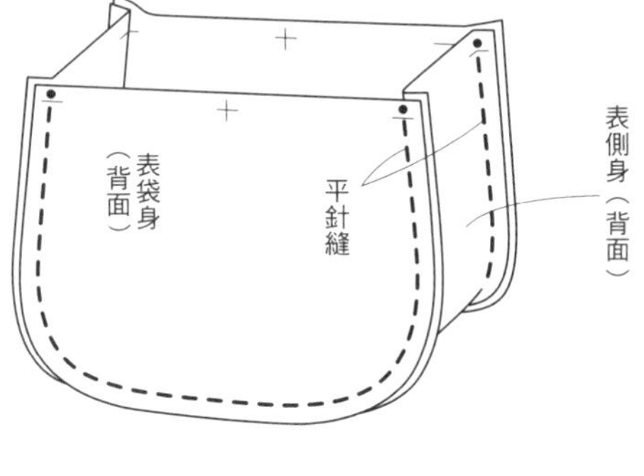


4 將縫份倒向側身（裡袋身作法相同）。

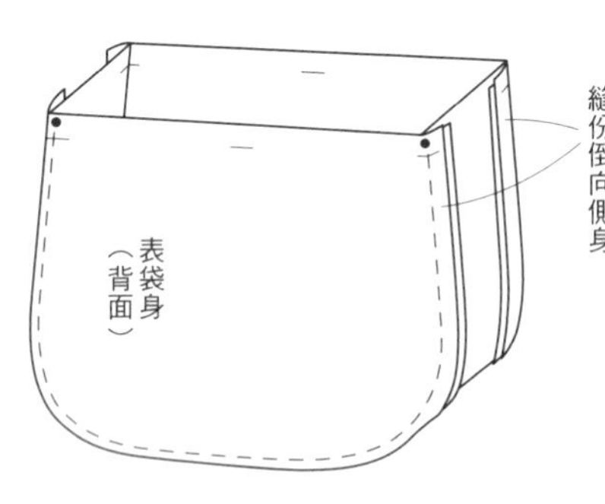


5 縫上提把＆蝴蝶結織帶。

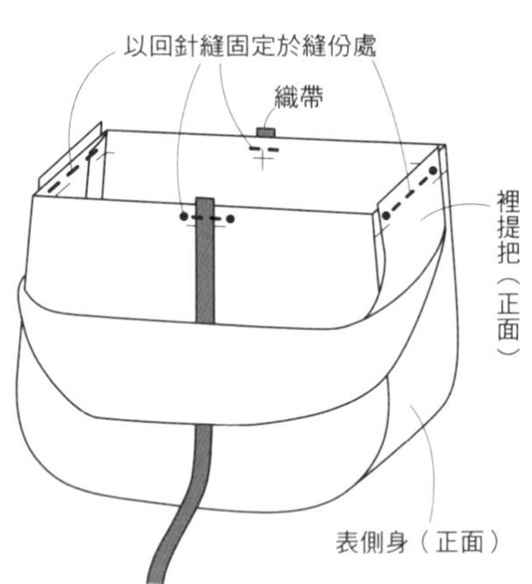


6 縫製表袋身＆裡袋身。

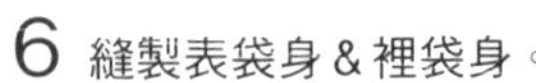


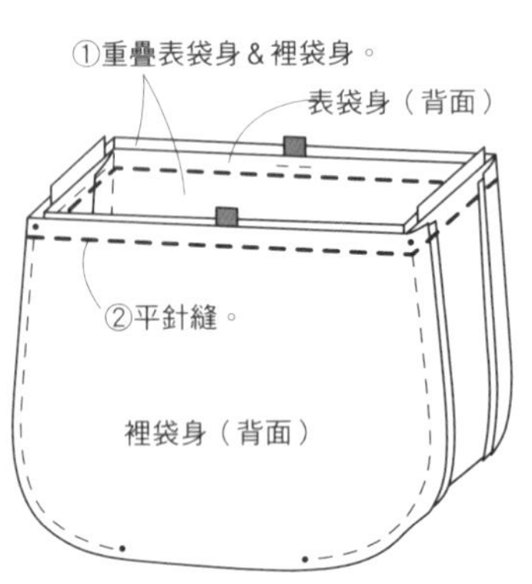


7 翻至正面，將返口以藏針縫固定。

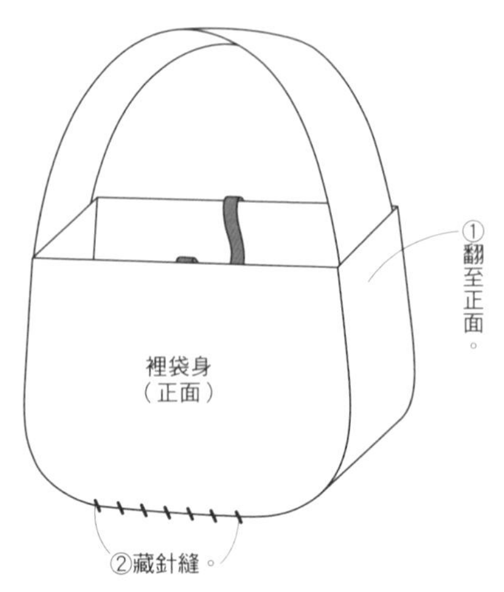


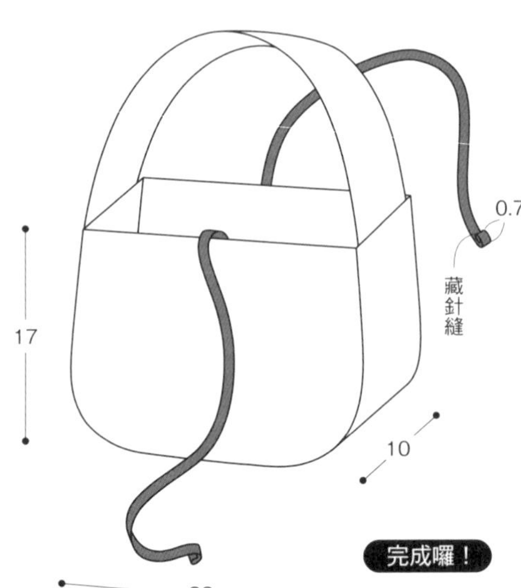

## 原寸紙型

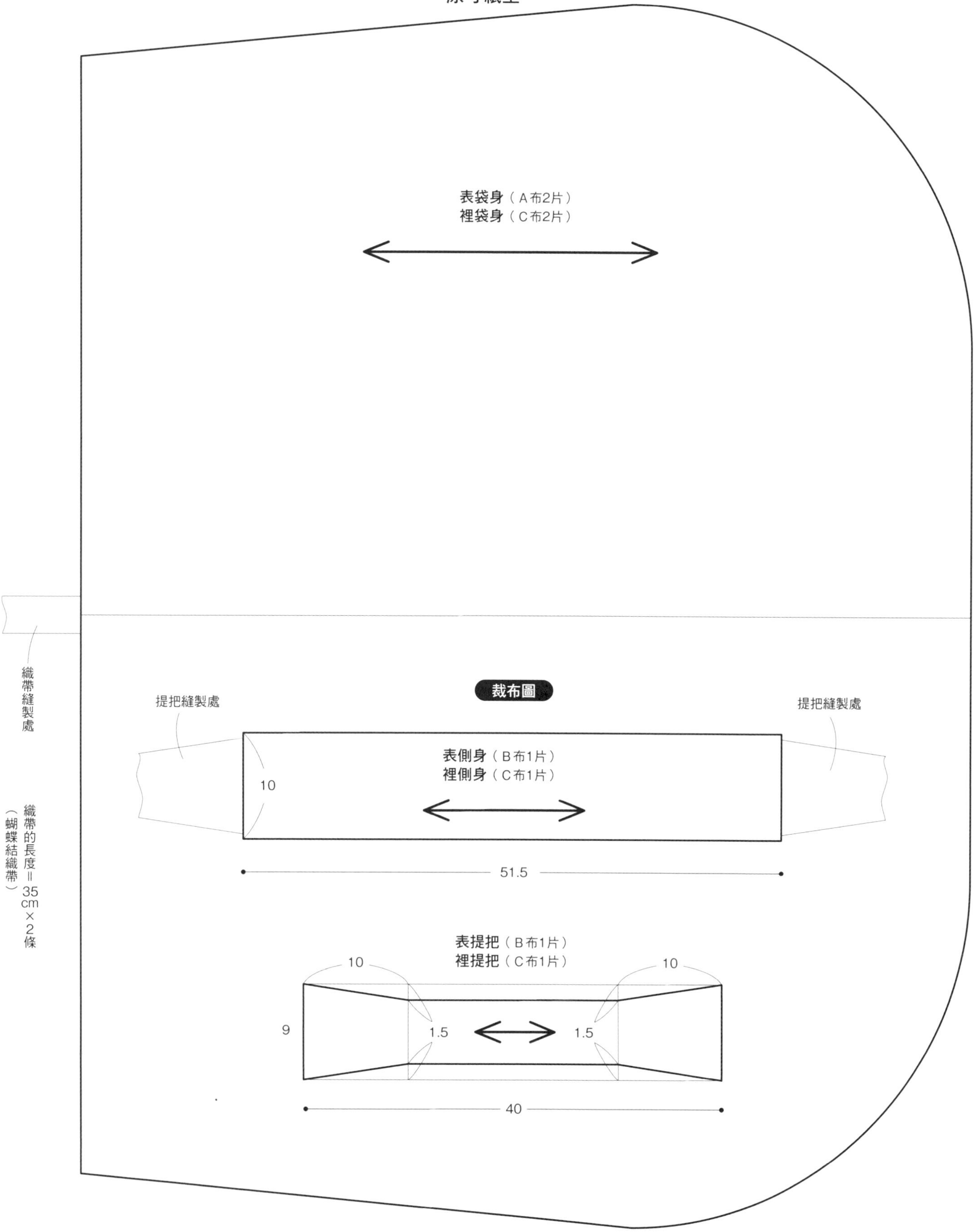

表袋身（A布2片）
裡袋身（C布2片）

織帶縫製處

### 裁布圖



◆原寸紙型與裁布圖皆不含縫份。請外加縫份1cm後再裁剪。

■ 材料
表布（素色麻布）40×45cm
裡布（條紋棉布）30×45cm
蕾絲A寬15cm×30cm
蕾絲B寬10cm×30cm
鈕釦（直徑0.8cm・直徑1.1cm）各1顆

裁布圖

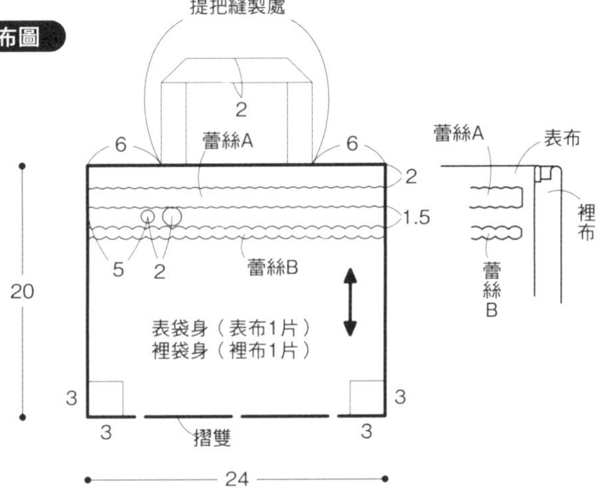


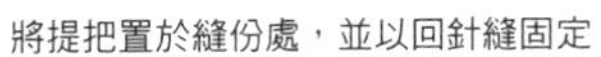

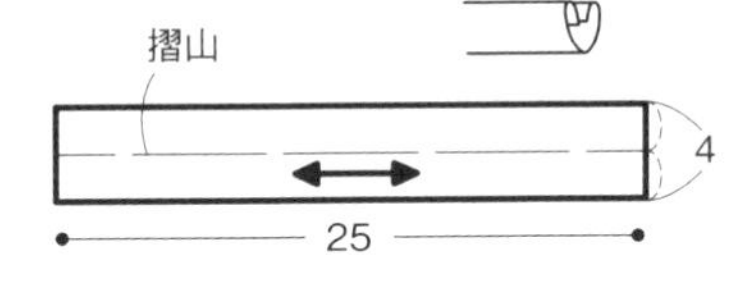


製作方法

## 1 製作提把，縫製至表袋身。

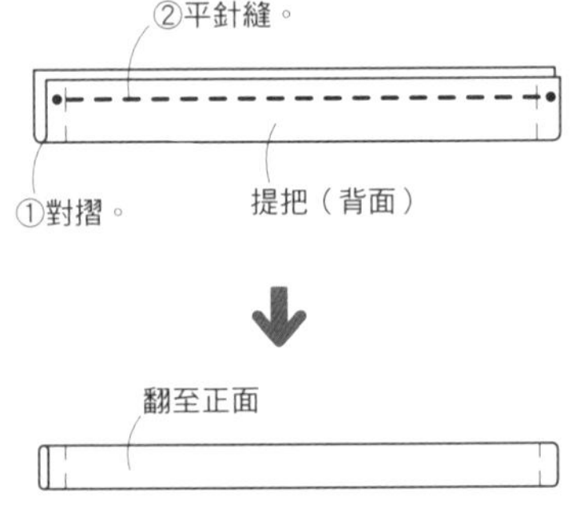


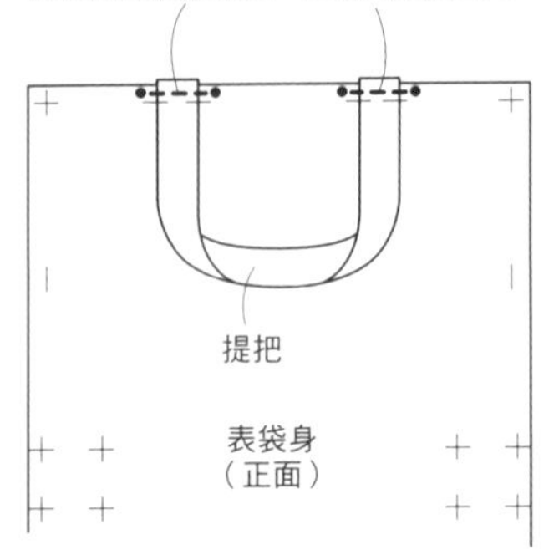


## 2 縫製表袋身兩側邊。

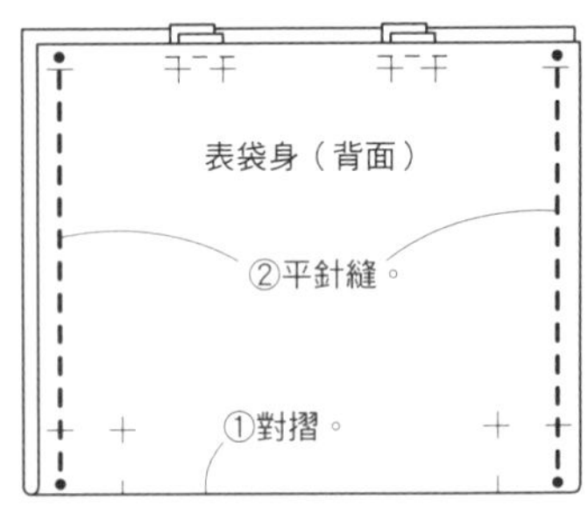


## 3 縫製裡袋身兩側邊。

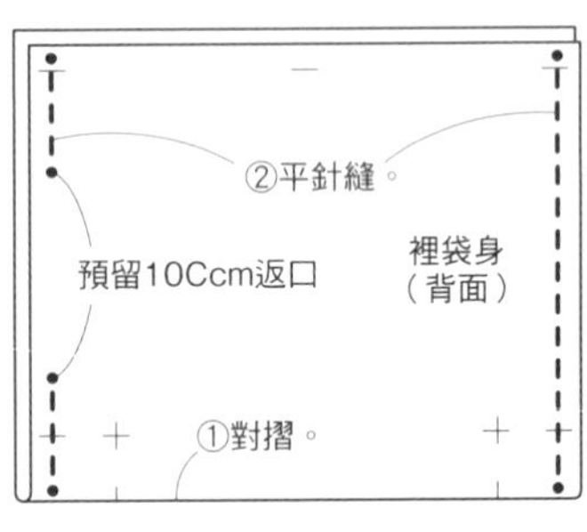


## 4 縫製底角。

（裡袋身作法亦同）



## 5 縫製前表袋身的蕾絲。

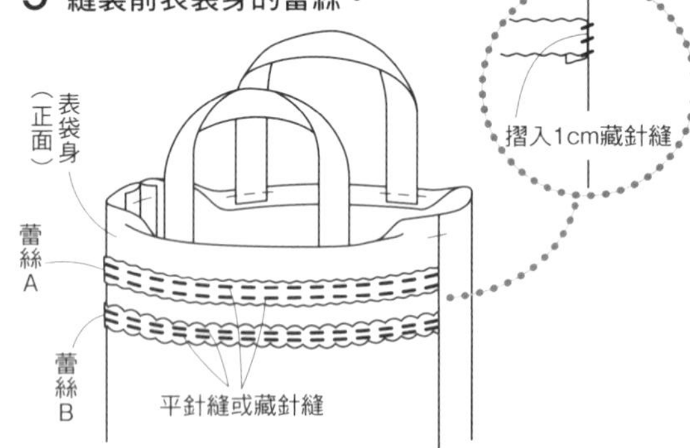


## 6 縫製表袋身＆裡袋身。

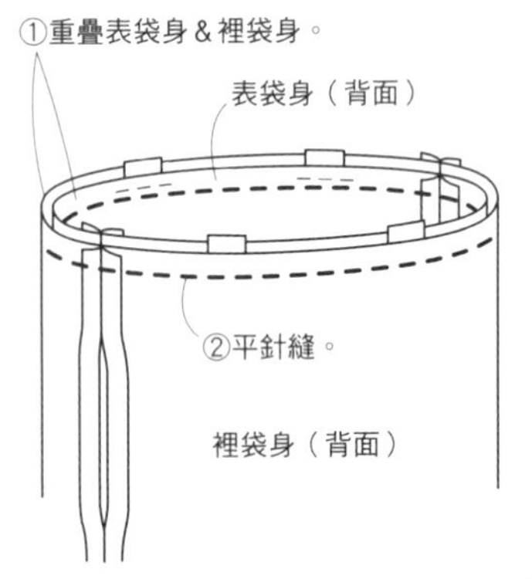


## 7 翻至正面後，以藏針縫縫合返口，並縫上鈕釦。

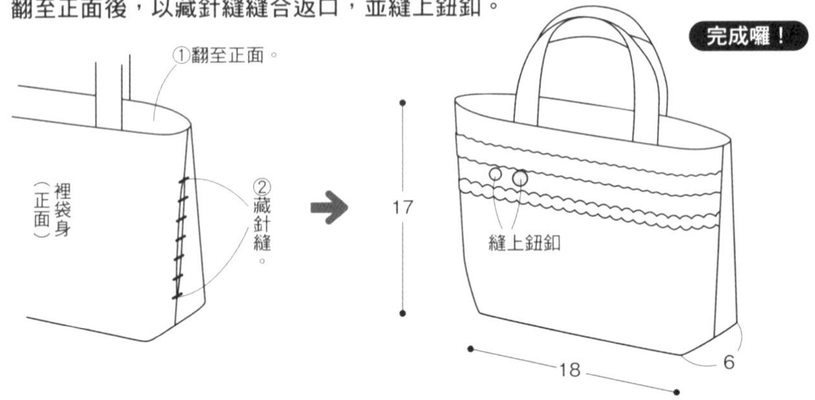


◆裁布圖皆不含縫份。請外加縫份1cm後再進行裁剪。

■ 材料
A布（素色棉布）40×35cm
B布（花朵圖樣棉布）15×30cm
裡布（格紋棉布）30×45cm
幾何圖案蕾絲
（Hamanaka H804-967-006・寬1.7cm）50cm

裁布圖

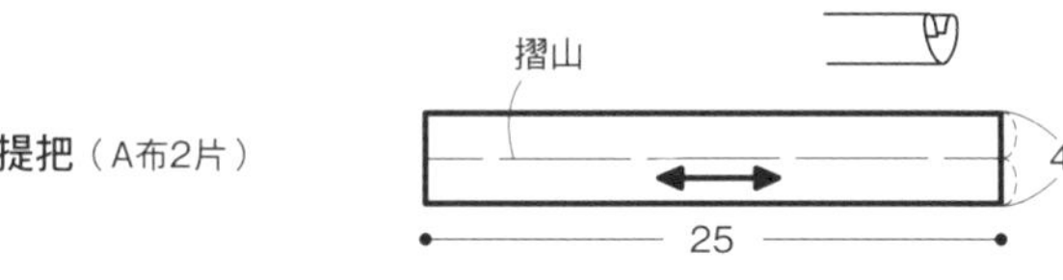


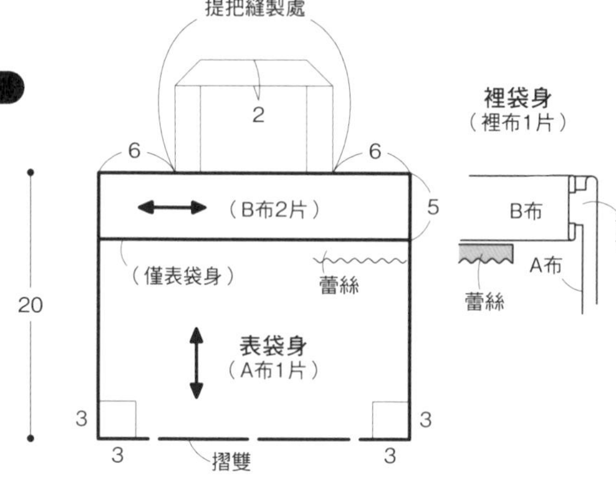


製作方法

1 製作提把。

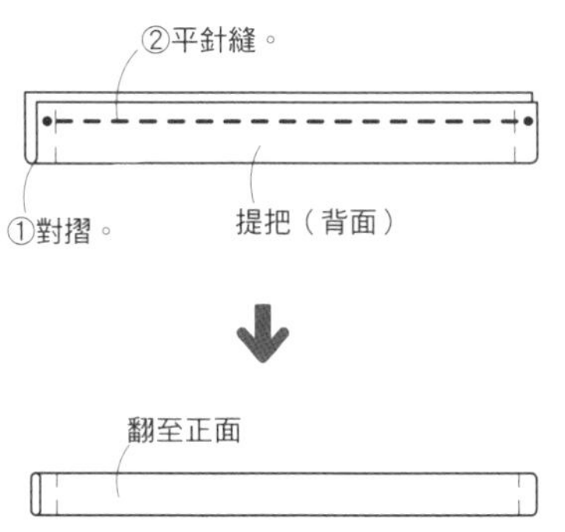


2 縫製拼接線，並組裝提把。
（僅表袋身）

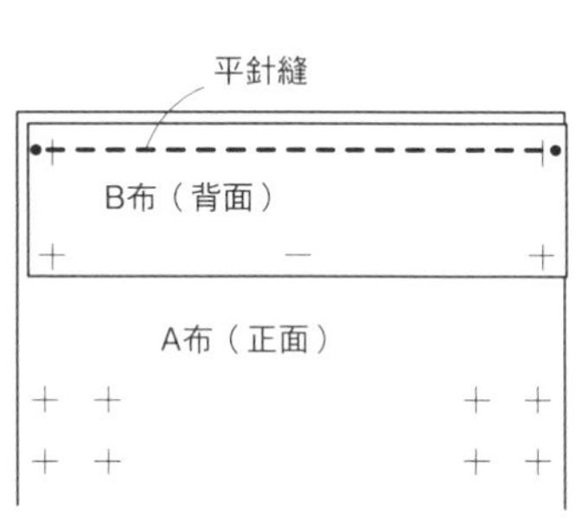


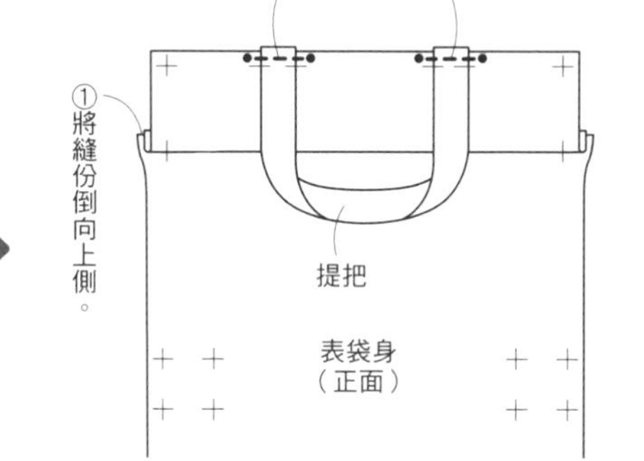


3 縫製表袋身與裡袋身的側邊。

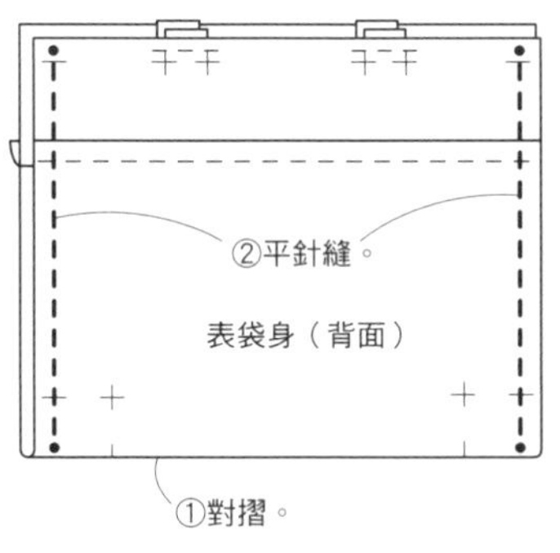


4 縫製底角。（裡袋身作法亦同）

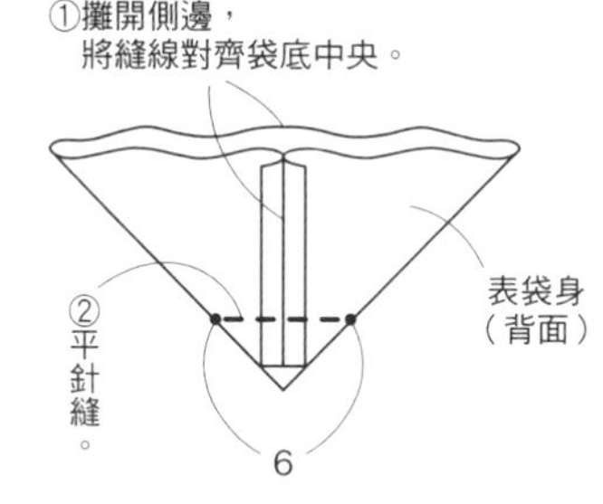


5 縫製表袋身＆裡袋身。

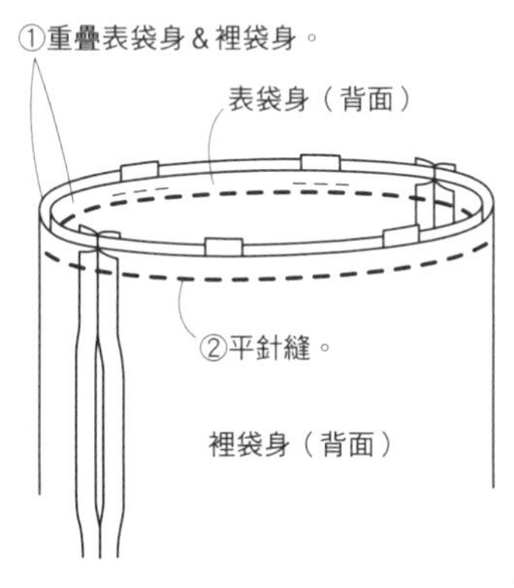


6 翻至正面，
返口藏針縫。

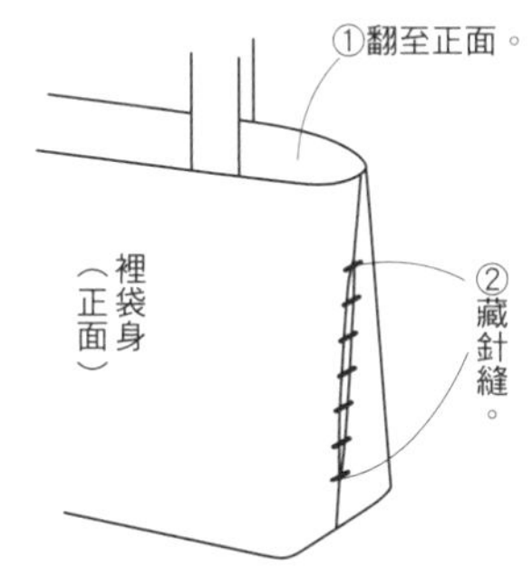


7 縫製蕾絲。

完成囉！

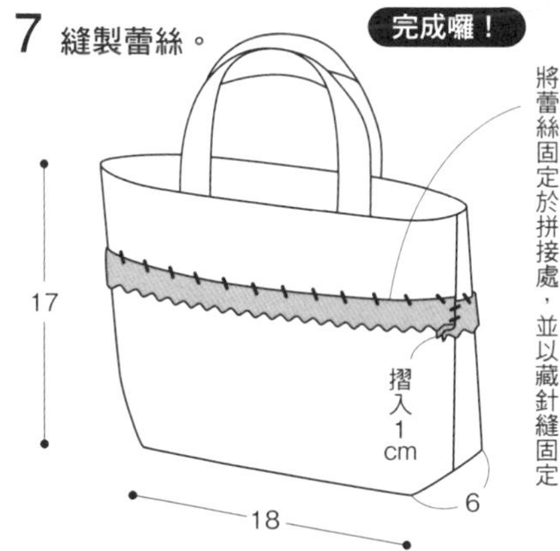


◆裁布圖皆不含縫份。請外加縫份1cm後再進行裁剪。

P.4 NO.4・NO.5

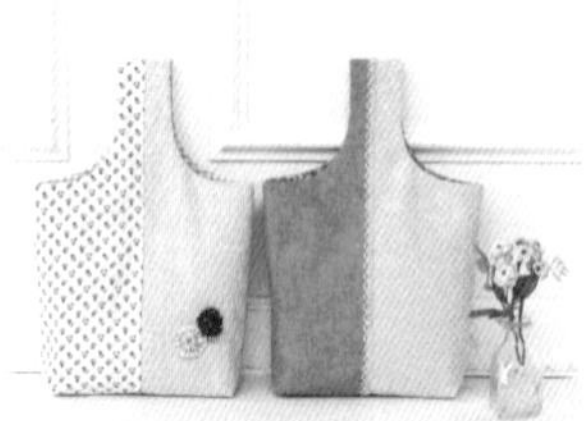

■ 作品No.4材料
A布（碎花圖樣棉布）15×80cm
B布（條紋棉布）15×80cm
C布（水玉棉布）10×10cm
裡布（格紋棉布）30×80cm

■ 作品No.5材料
A布（素色棉布）15×80cm
B布（水玉棉布）15×80cm
裡布（印花棉布）30×80cm
麻混蕾絲（Hamanaka H804-001-800・寬0.9cm）80cm
◆原寸紙型/P.39

**製作方法**

## 1 縫製拼接線。

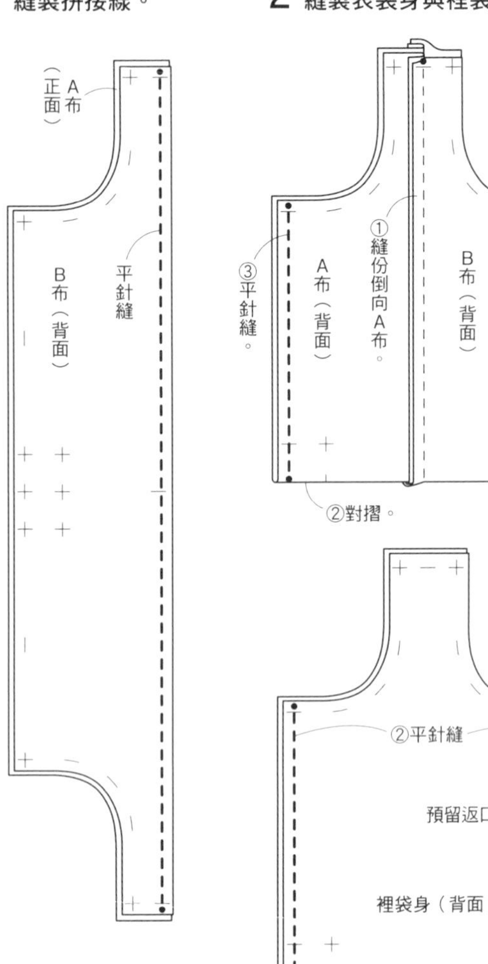


## 2 縫製表袋身與裡袋身的側邊。

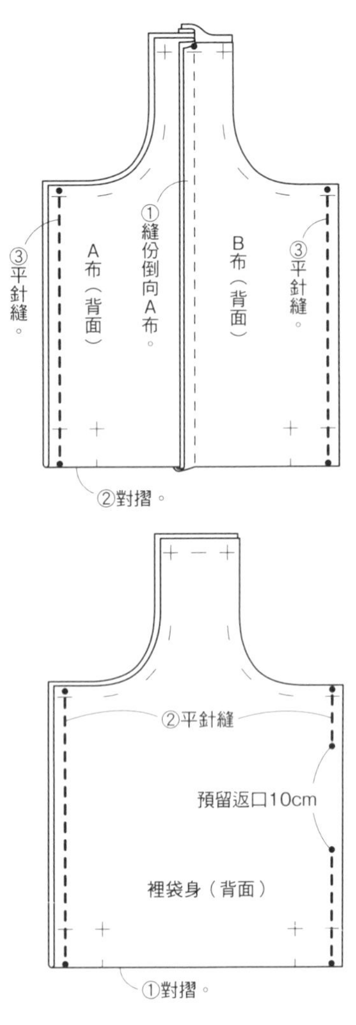


## 3 縫製底角。（裡袋身製作亦同）

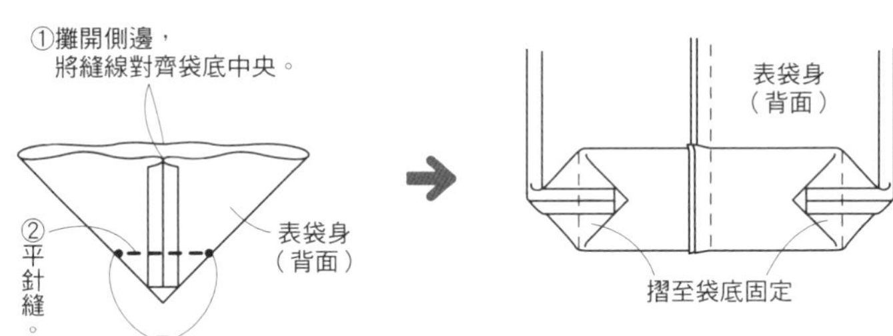


## 4 縫製表袋身&裡袋身。

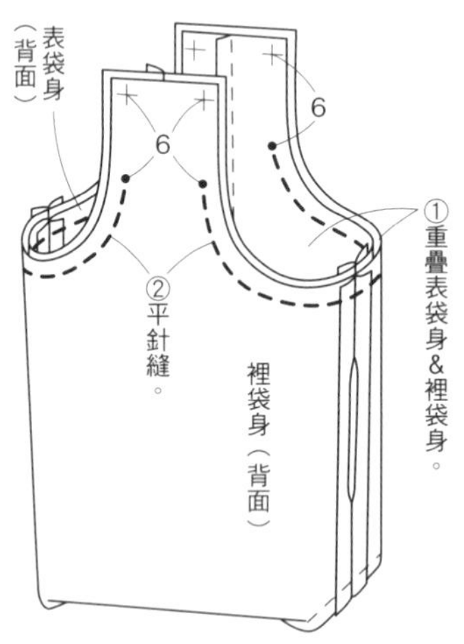


## 5 返口藏針縫。

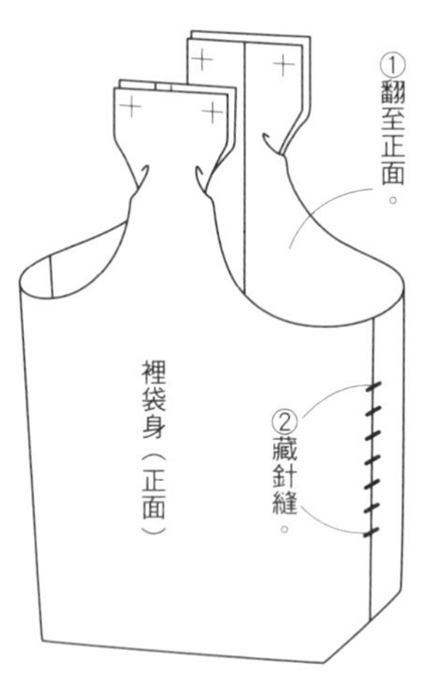


## 7 縫製蕾絲&Yo-Yo布花。

## 6 縫製提把。

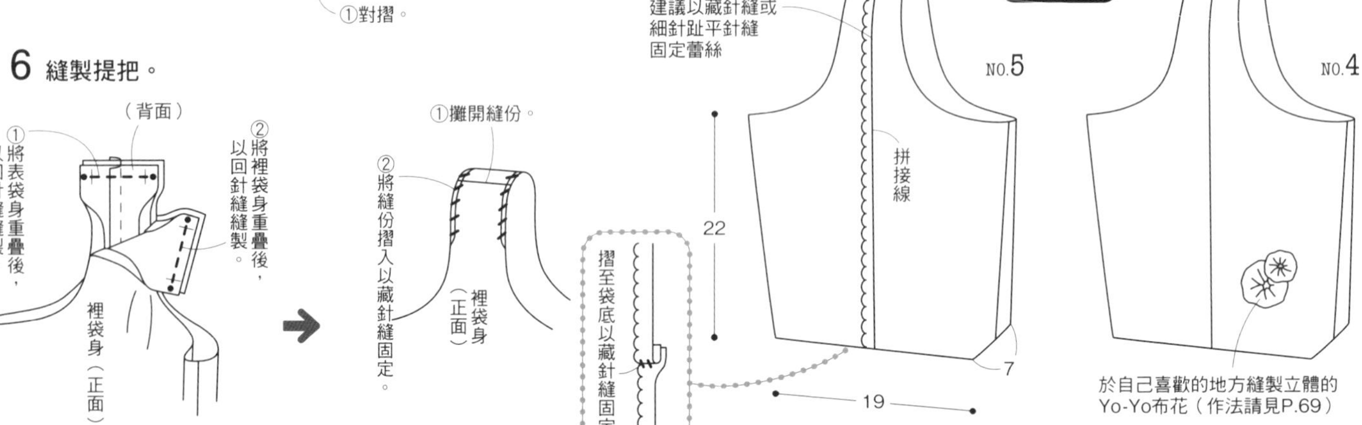

## 原寸紙型

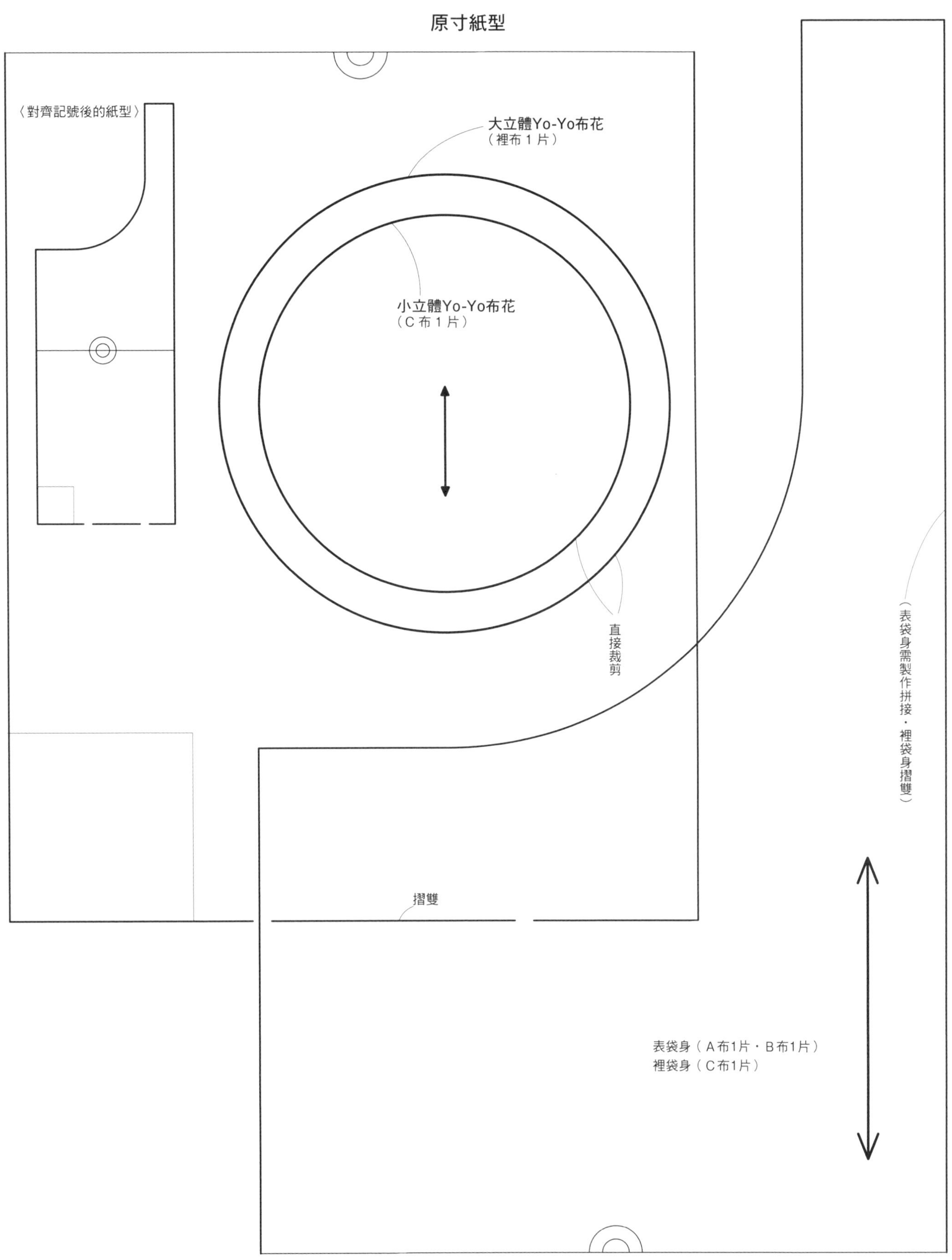


◆原寸紙型不含縫份。除了立體Yo-Yo布花之外，請皆外加縫份1cm後再裁剪。

■ 作品No.6材料

A布（素色棉布）40×40cm

B布（條紋棉布）35×55cm

MOCO繡線　白色

■ 作品No.7材料

A布（條紋棉布圖案）40×55cm

B布（水玉棉布）25×55cm

**裁布圖**

No.6・No.7的提把（A布2片）

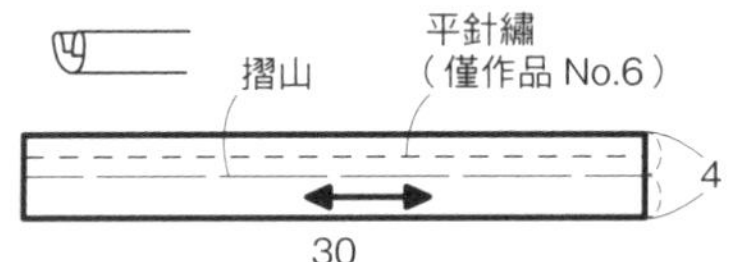


**製作方法**

**1** 縫製拼接線。（僅作品No.6）

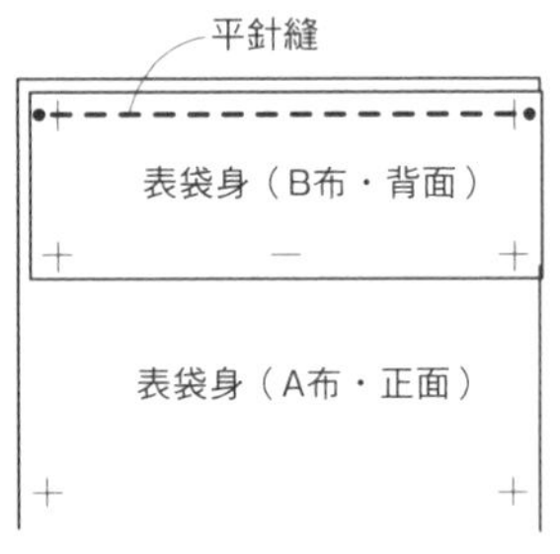


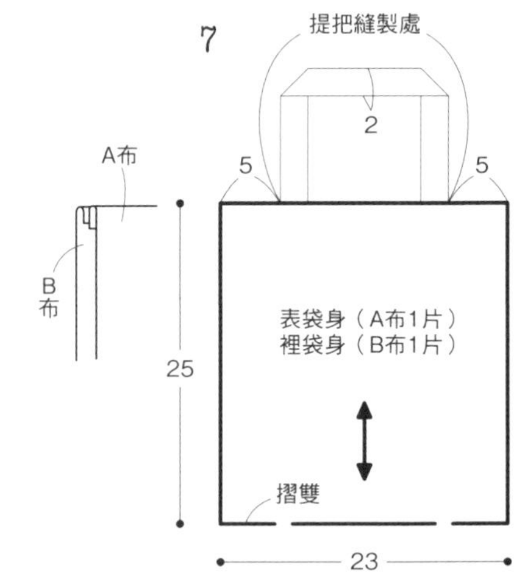


**2** 製作・縫製提把。

②平針縫。

①對摺。

提把（背面）

①翻至正面。

②中央進行平針繡。（1股・僅作品No.6）

②將提把置於縫份處，並以回針縫固定。

①縫份倒向下方。

（B布正面）

表袋身（A布・正面）

**3** 縫製表袋身・裡袋身的脇邊線。

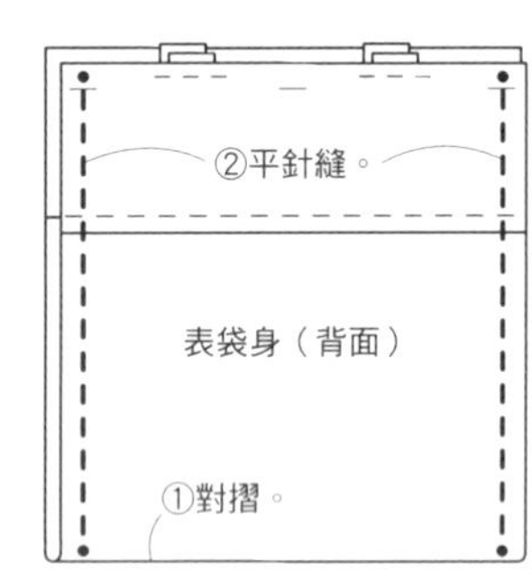


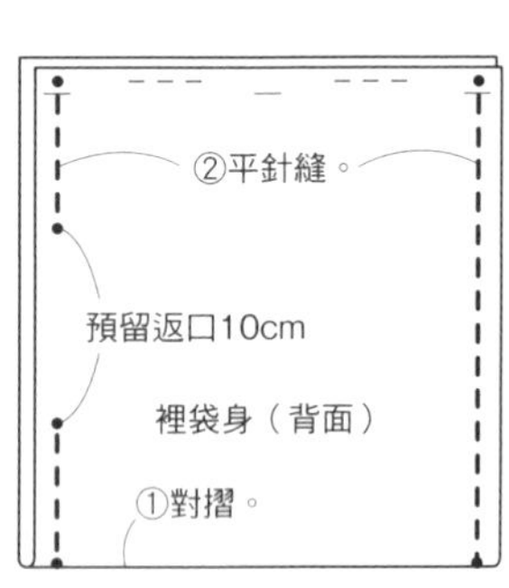


**4** 縫製表袋身＆裡袋身。

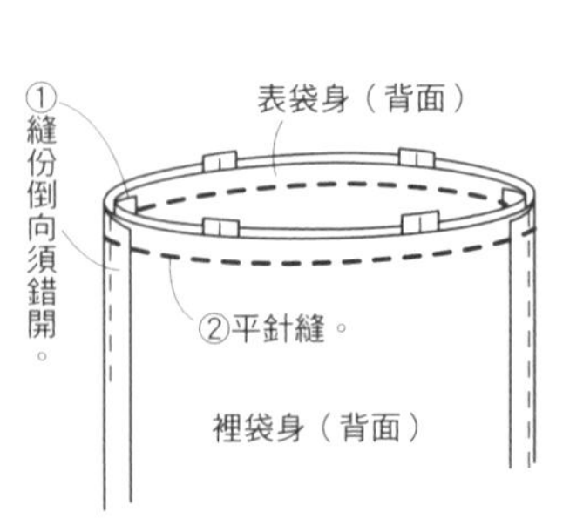


**5** 翻至正面，返口藏針縫。

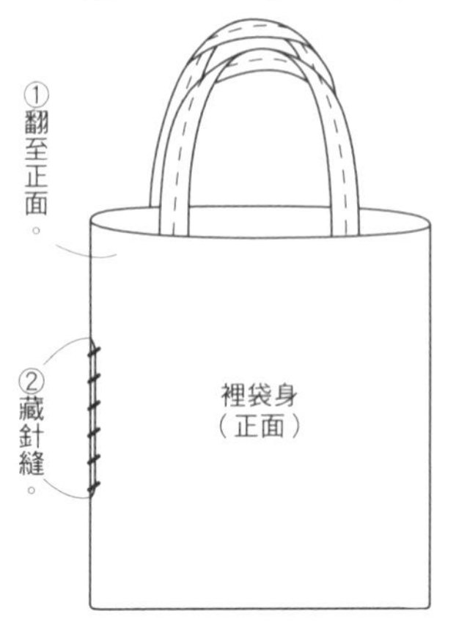


**完成囉！**

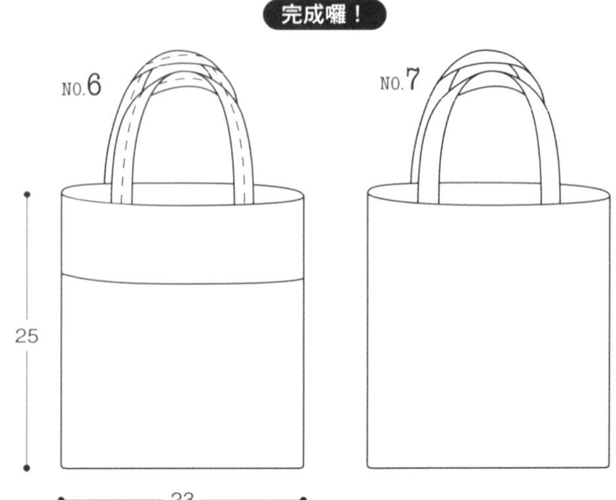


◆原寸紙型皆不含縫份。請外加縫份1cm後再進行裁剪。

■ 材料
表布（素色麻布）30×65cm
裡布（印花棉布）30×65cm
皮革提把（Hamanaka H911-021-042・
寬1cm×50cm）1組
MOCO繡線　深茶色

裁布圖

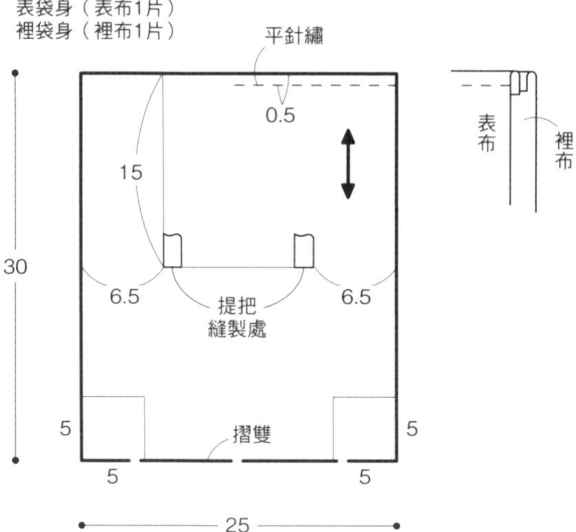


製作方法

1 縫製兩側邊。
（裡袋身作法亦同）

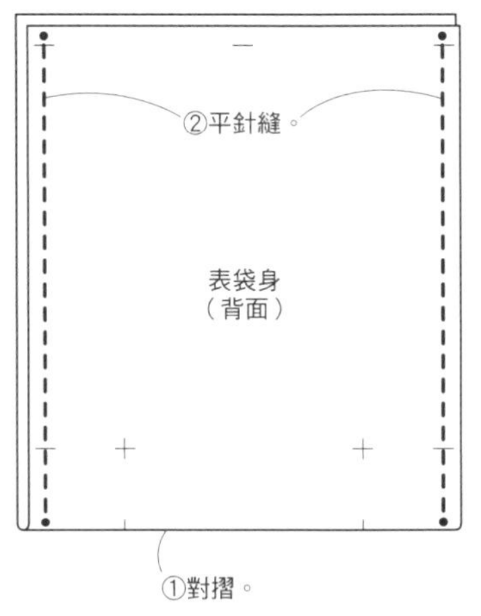


2 縫製底角。
（裡袋身作法亦同）

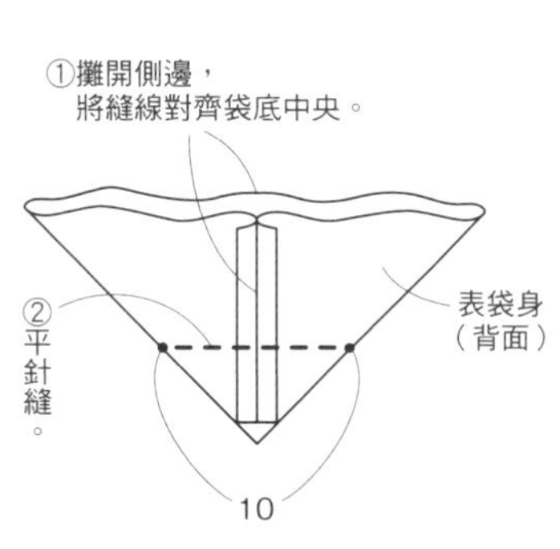


3 摺疊袋口處縫份與底角。
（裡袋身作法亦同）

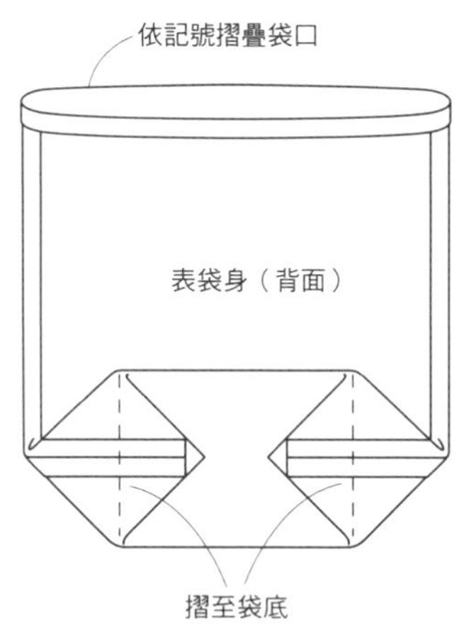


4 縫製表袋身＆裡袋身。

5 縫製提把。

完成囉！

◆裁布圖皆不含縫份。請外加縫份1cm後再進行裁剪。

■ 材料
表布（格紋棉布）40×65cm
裡布（印花棉布）40×60cm
圓繩（直徑0.3cm）140cm
◆原寸紙型/P.80

裁布圖

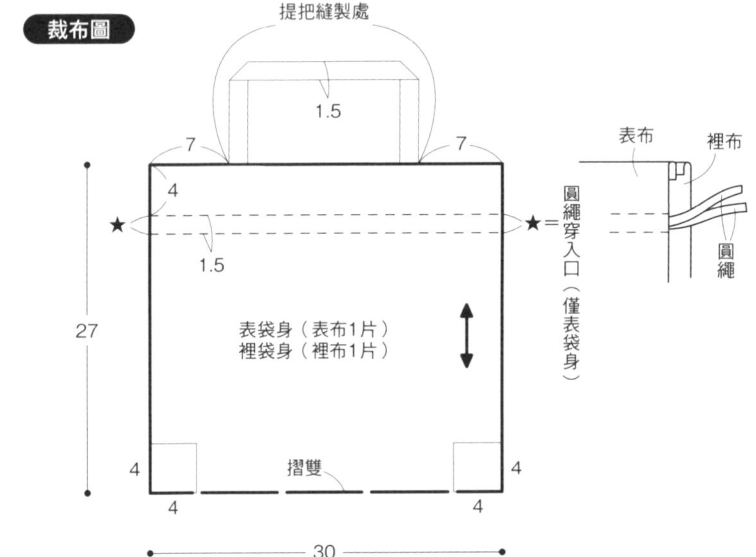


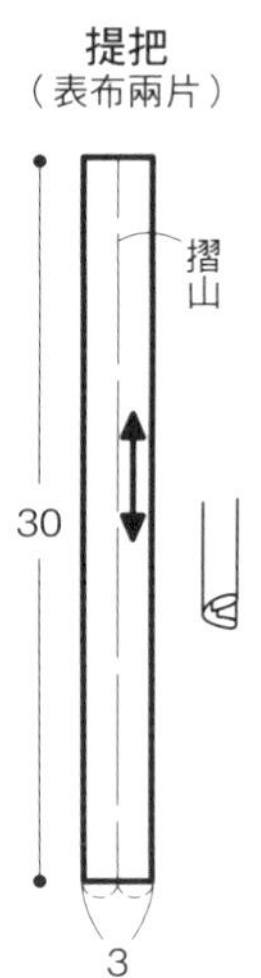


製作方法

1 製作＆組裝提把。

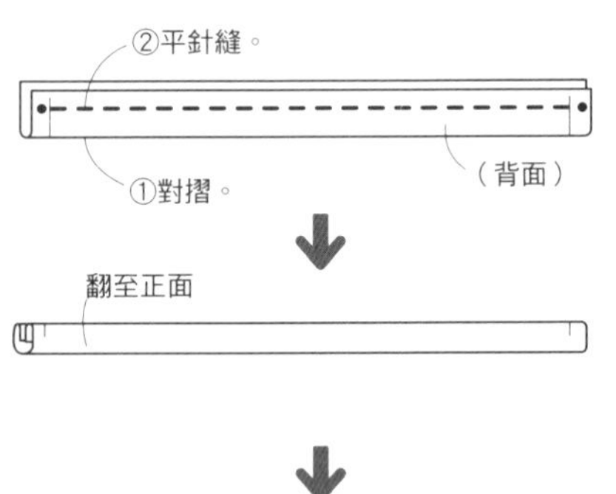


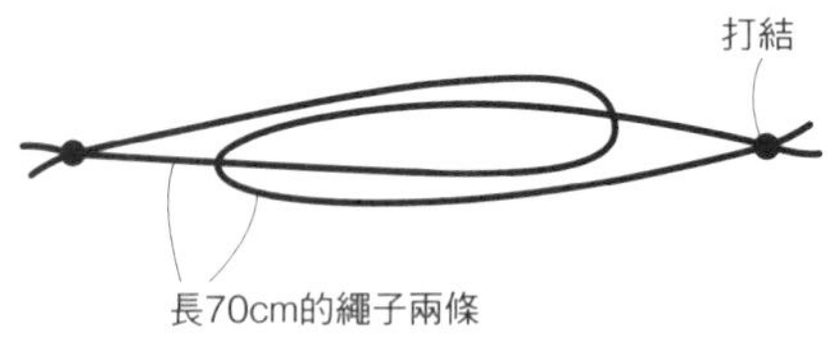


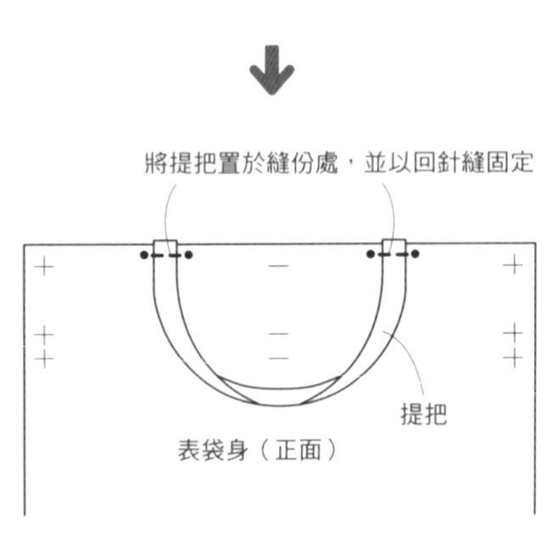


2 縫製表袋身與裡袋身的兩側邊。

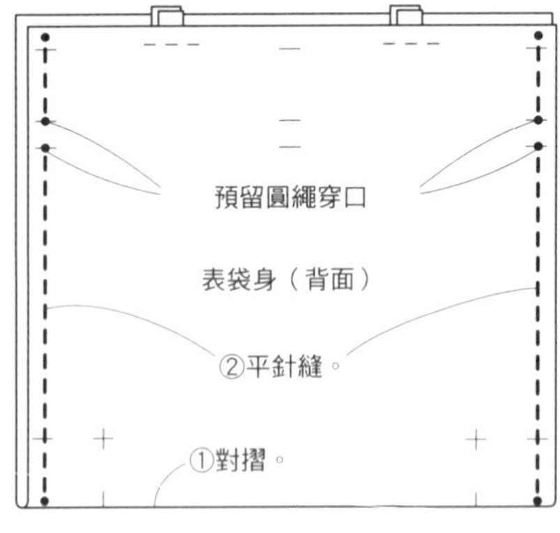


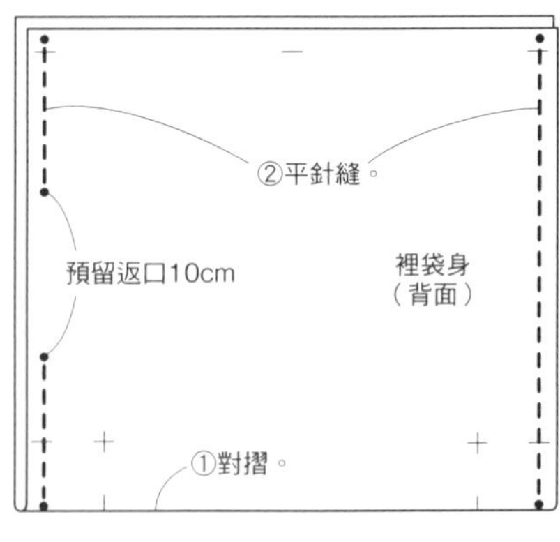


3 縫製側身。（裡袋身作法亦同）

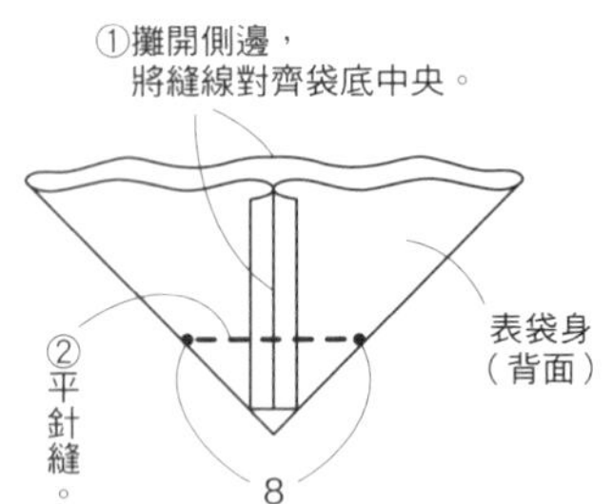


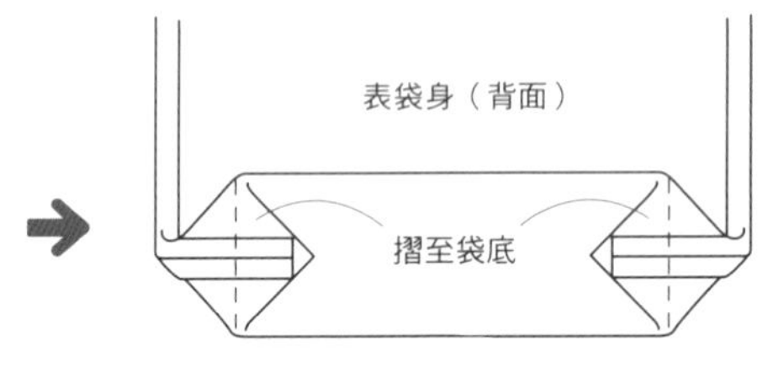


4 縫製表袋身＆裡袋身。

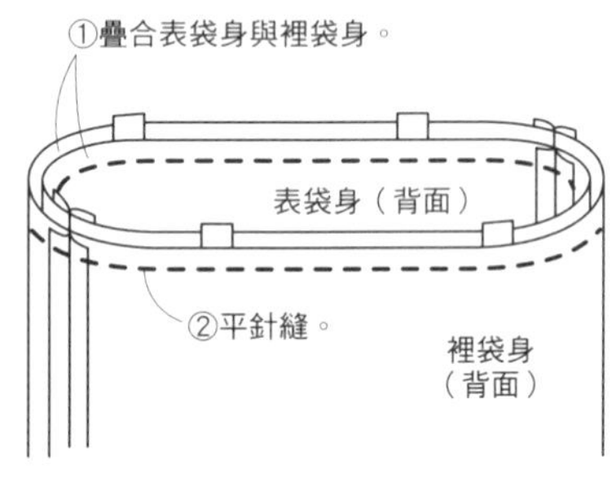


◆裁布圖皆不含縫份。請外加縫份1cm後再進行裁剪。

## 5 翻至正面，返口以藏針縫固定。

①翻至正面。
裡袋身（正面）
②藏針縫。

## 6 穿入圓繩，並製作&組裝圓球吊飾。

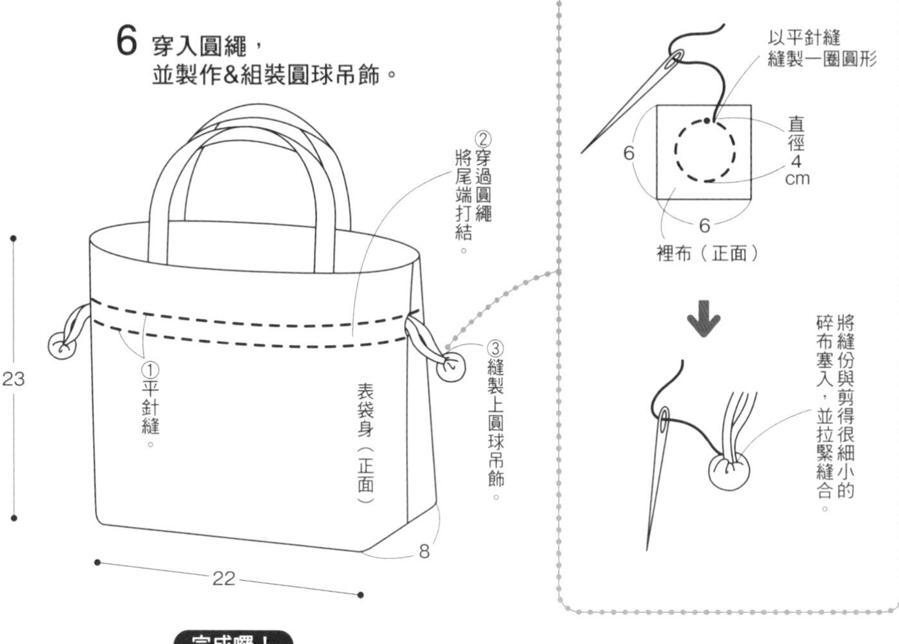


完成囉！

P.12 NO.17

### ■ 材料

表布（圓點棉布）15×15cm
裡布（格紋棉布）15×15cm
織帶（皮繩・直徑0.3 cm）20cm
鈕釦（直徑0.7cm）2顆

裁布圖

表袋身（表布1片）
裡袋身（裡布1片）

織帶（皮繩）的長度=20cm

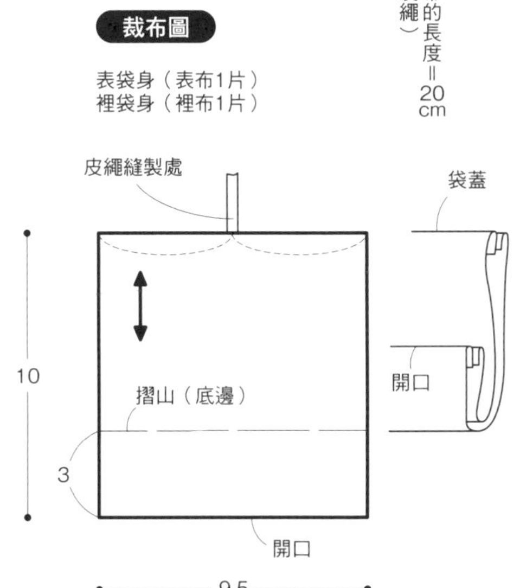


製作方法

### 1 縫製皮繩。

將皮繩置於縫份處，並以回針縫固定
皮繩
表袋身（正面）

### 2 縫製表袋身&裡袋身。

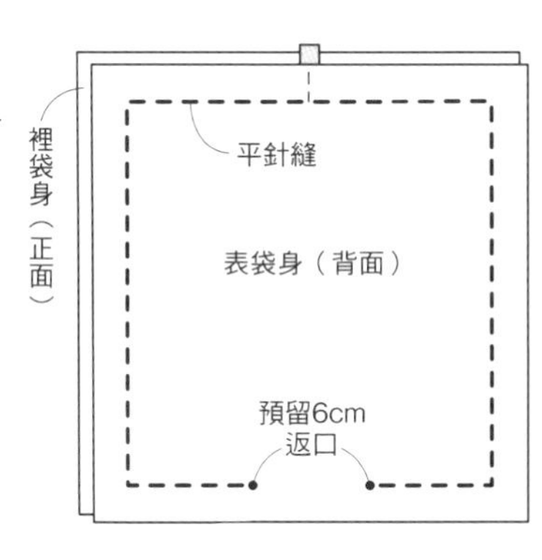


### 3 翻至正面，返口以藏針縫縫合。

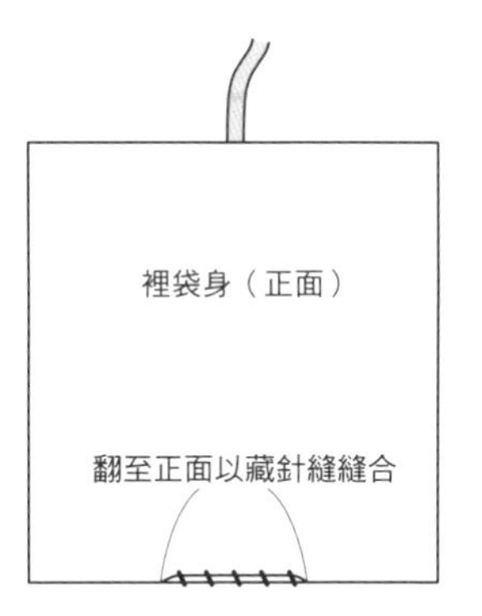


### 4 縫製側邊側。

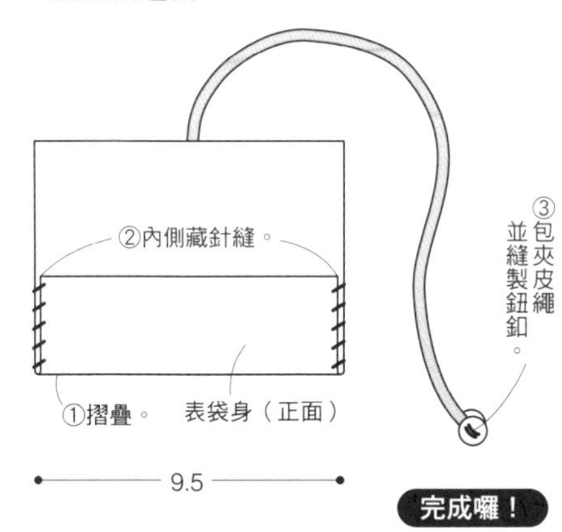


完成囉！

◆裁布圖皆不含縫份。請外加縫份1cm後再進行裁剪。

P.8 NO.10

■ 材料

A布（素色棉布）30×45cm
B布（條紋棉布蕾絲）30×60cm
手挽口金（INAZUMA BK-1054）1個
蕾絲 寬1.5cm 45cm
細緞帶 寬0.5cm 80cm

裁布圖

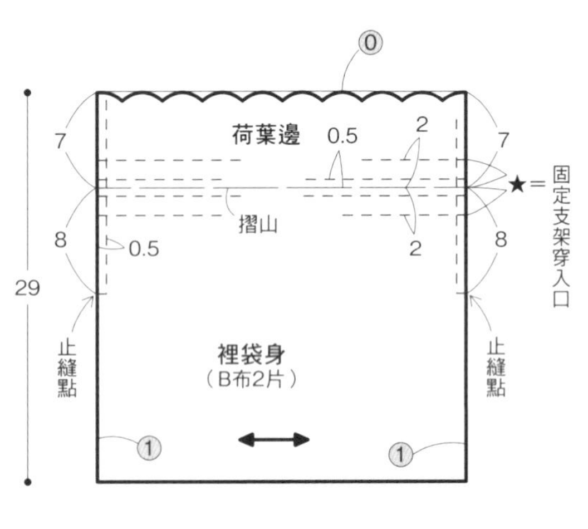


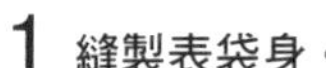

製作方法

1 縫製表袋身。

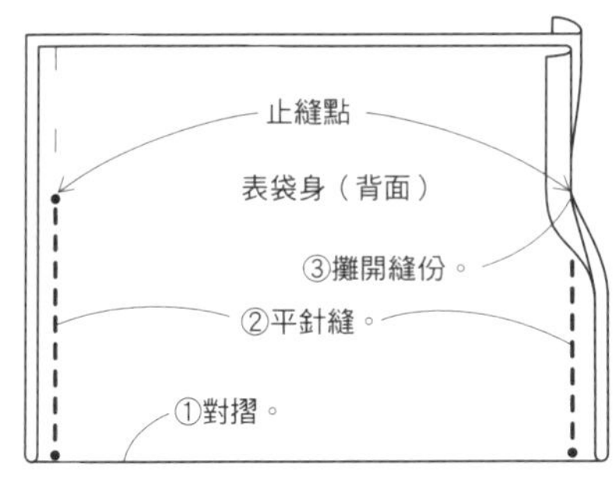


2 縫製裡袋身。

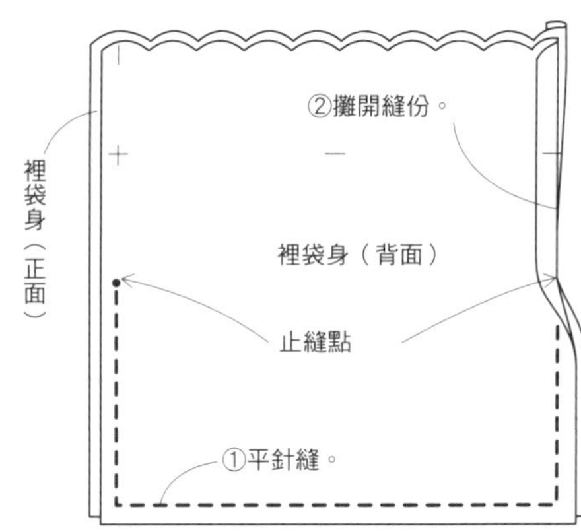


3 縫製表袋身＆裡袋身。

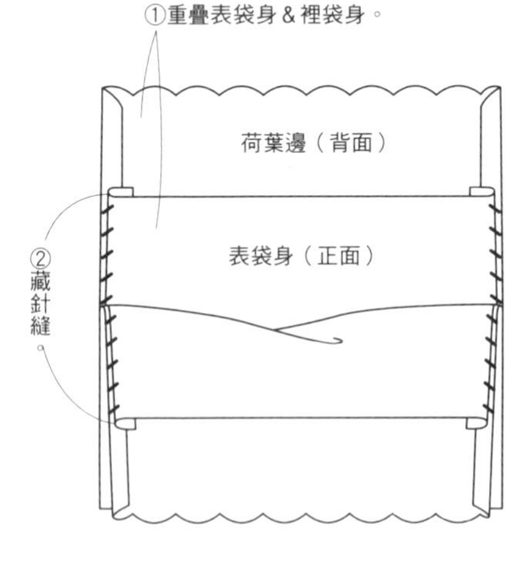


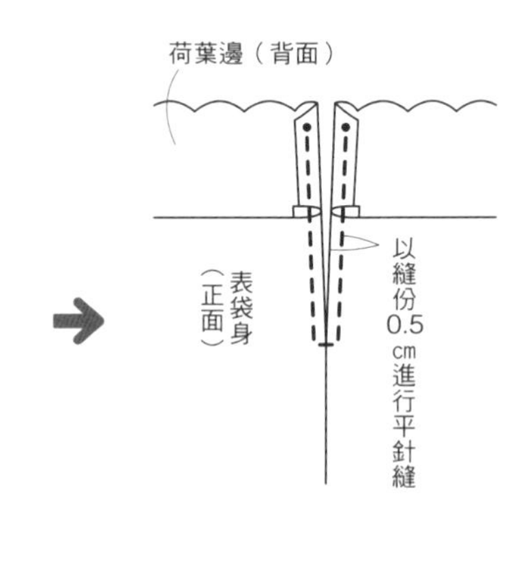


完成囉！

4 縫製穿入口，並組裝口金。

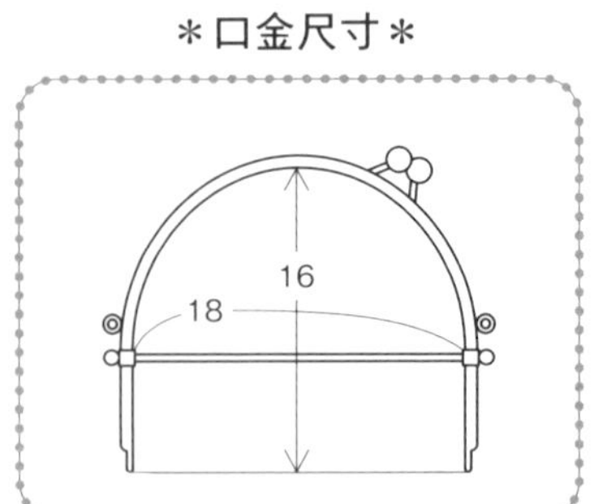

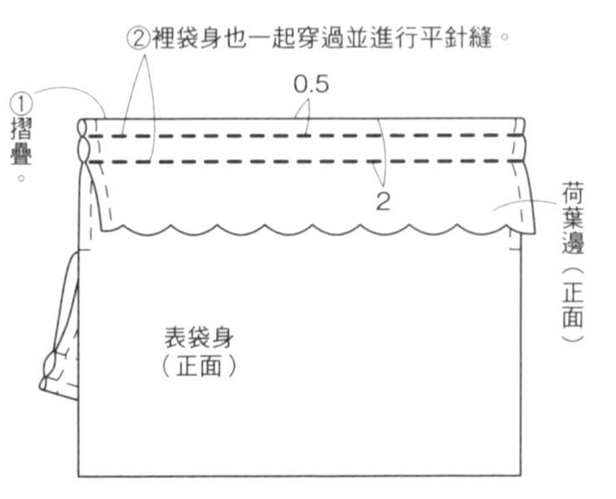


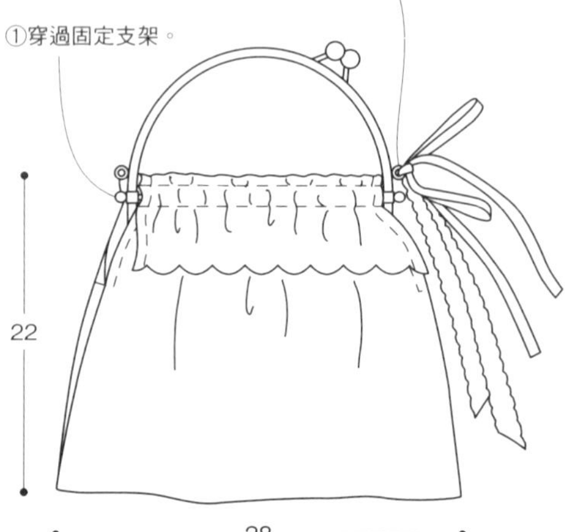


◆裁布圖皆不含縫份。請外加◯內的指定縫份後再進行裁剪。

**■ 作品No.11・No.12材料**（單款量）

表布（No.11為素色棉布・No.12為刺繡布料）20×40cm
裡布（碎花棉布）20×30cm
No.11麻混蕾絲
（Hamanaka H804-004-800・寬1.4cm）40cm
No.11蕾絲片（背膠款）1片
彈簧口金夾（12cm・附圓形掛鉤）1個
鏈條（附龍蝦鉤）38cm

**裁布圖**

摺山
彈簧口金夾
裡布
表布

表袋身（表布一片）
4
摺山
0.5
★
★＝彈簧口金穿入口
18
止縫點
蕾絲與蕾絲片縫製處（僅No.11）
止縫點
4
6
2
2
2
摺雙
2
18

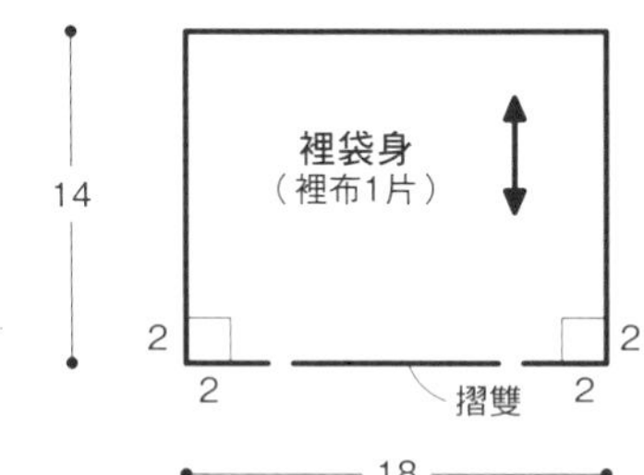


**製作方法**

## 1 於表袋身縫製蕾絲與蕾絲布標。（僅No.11）

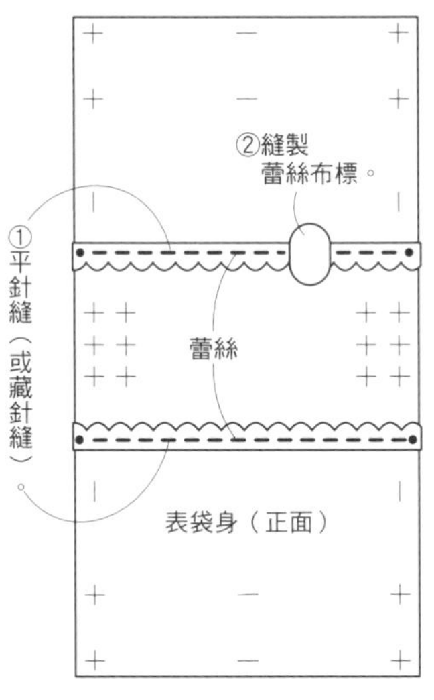


## 2 縫製表袋身與裡袋身的側邊，並車縫底角。

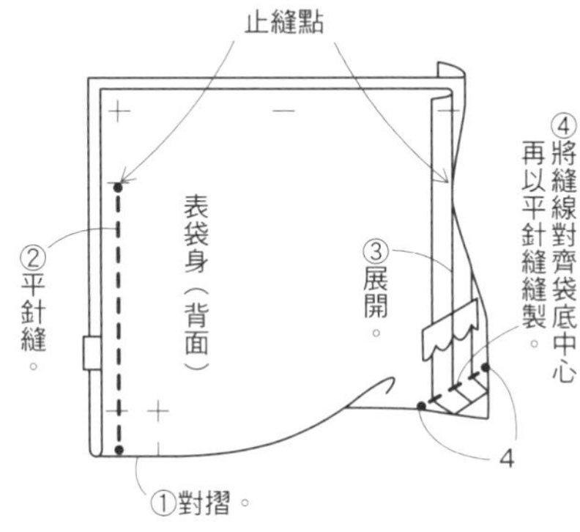


②平針縫。
裡袋身（背面）
③展開。
④將縫線對齊袋底中心再以平針縫縫製。
4
①對摺。

## 3 縫製開口處。

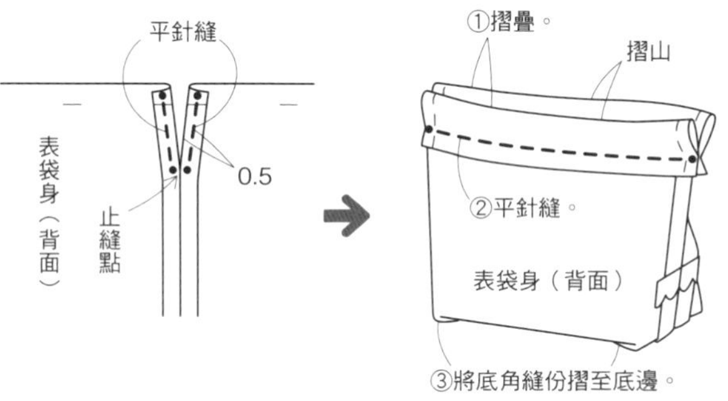


## 4 將裡袋身以藏針縫固定至表袋身。

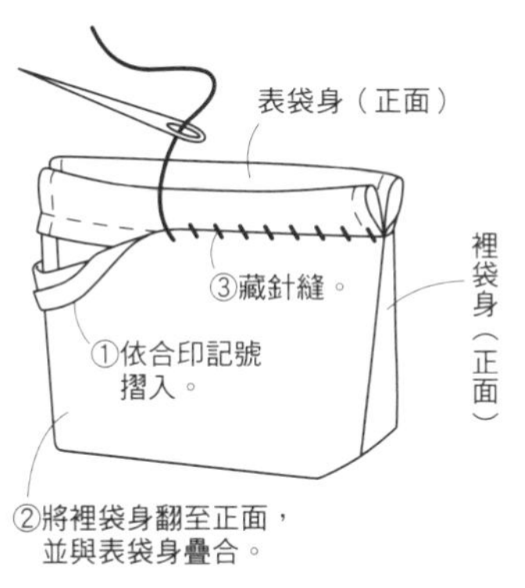


## 5 穿入彈簧口金。

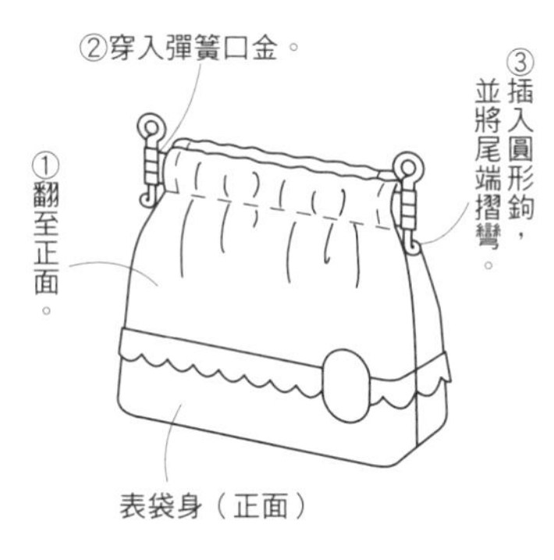


**完成囉！**

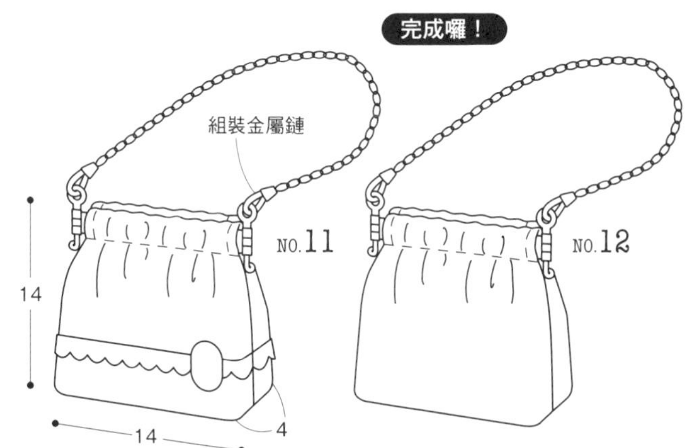


◆裁布圖皆不含縫份。請外加縫份1cm後再進行裁剪。

■ No.13材料
表布（大格紋棉布）20×35cm
裡布（小格紋棉布）20×35cm
拉鍊（20cm・可剪裁款式）1條
蕾絲布標　1片
緞帶　寬0.5cm　15cm

■ No.14材料
表布（格紋棉布）20×35cm
裡布（水玉棉布）20×35cm
拉鍊（20 cm・可剪裁款式）1條
織帶　寬0.5cm　5 cm
MOCO繡線　水藍色・深茶色

裁布圖

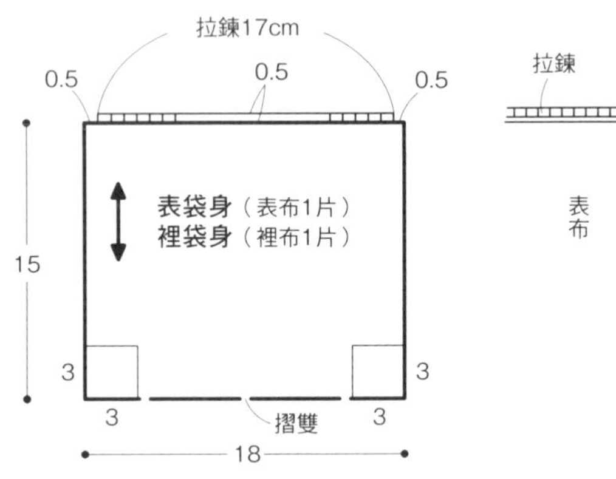


製作方法

1 分別縫製袋身裝飾。

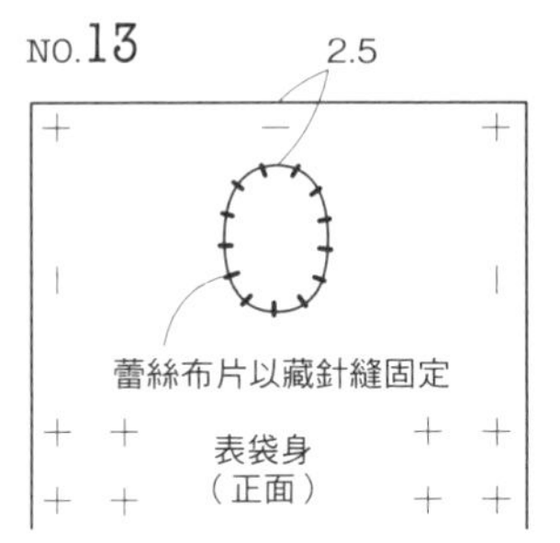


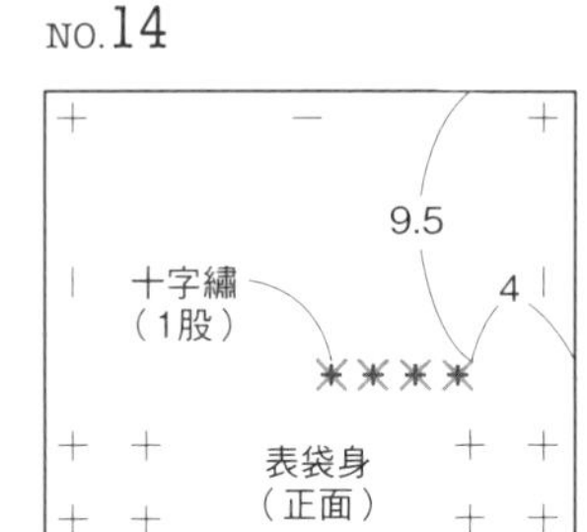


2 將拉鍊縫至表袋身。（請見P.48）

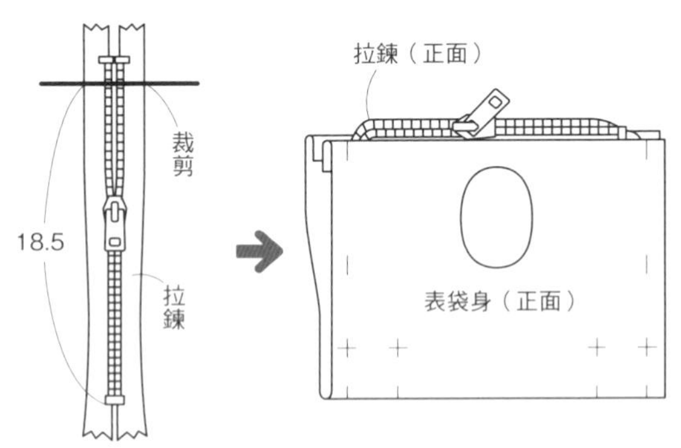


3 車縫兩側邊，完成後再車縫底角。

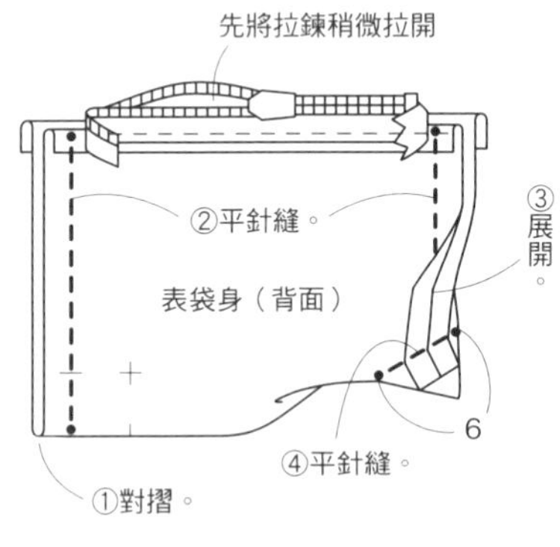


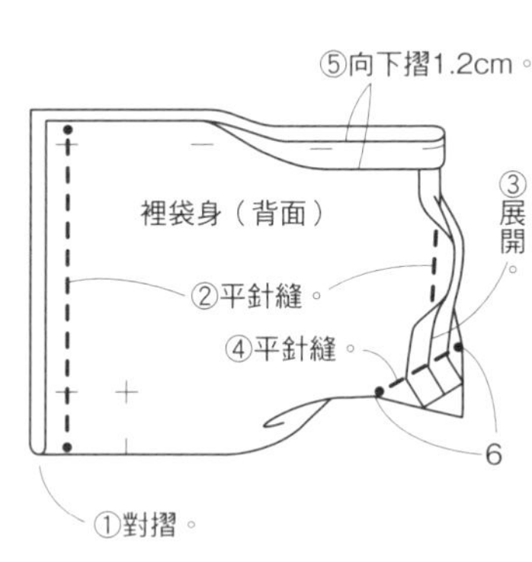


4 將底角縫份摺至底邊。
（裡袋身作法亦同）

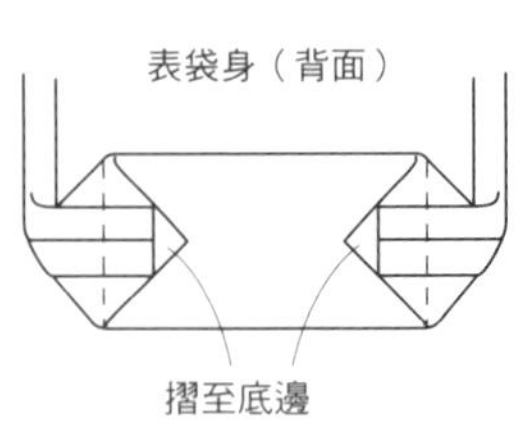


5 將裡袋身以藏針縫固定至表袋身。

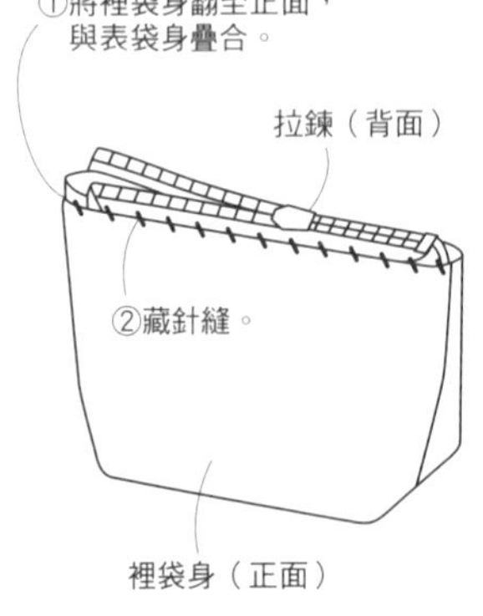


原寸刺繡圖

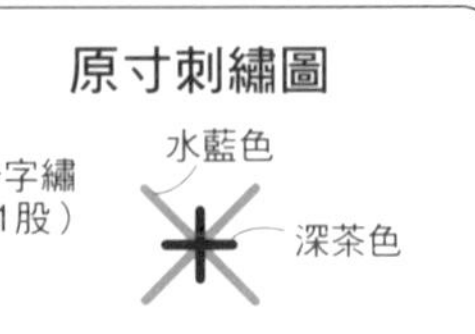


6 於拉鍊頭加上裝飾。

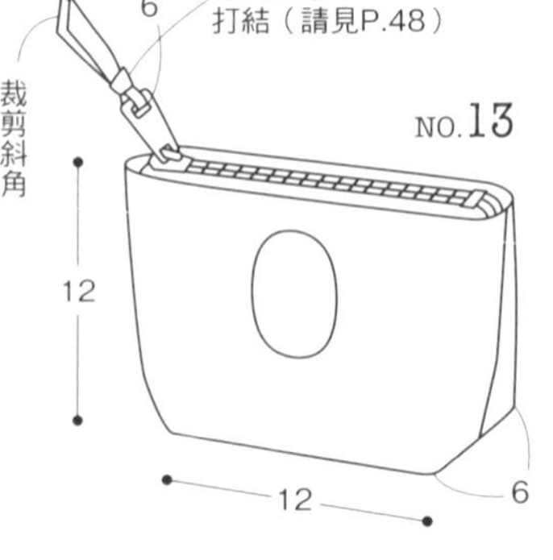


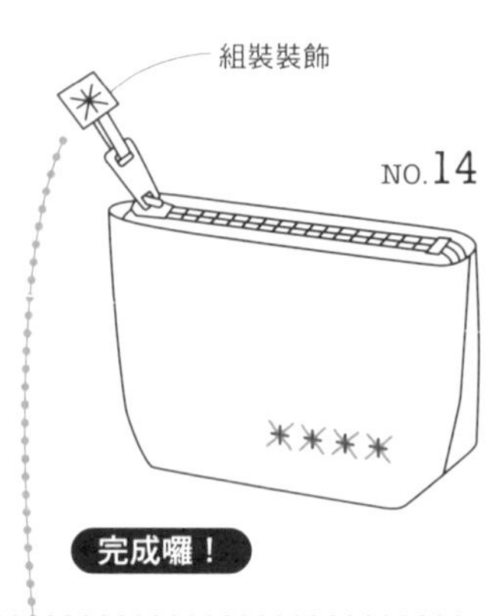


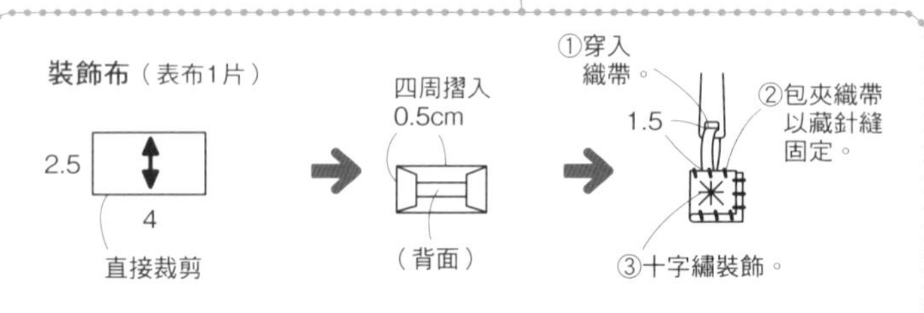


◆裁布圖皆不含縫份。請外加縫份1cm後再進行裁剪。

■ 材料

表布（直條紋棉布）20×35cm
裡布（格紋棉布）20×35cm
拉鍊（長20cm・可剪裁款式）1條
細圓繩　直徑0.15cm　10cm
木珠　直徑1cm　2顆

製作方法

## 1 縫合表袋身＆內口袋。

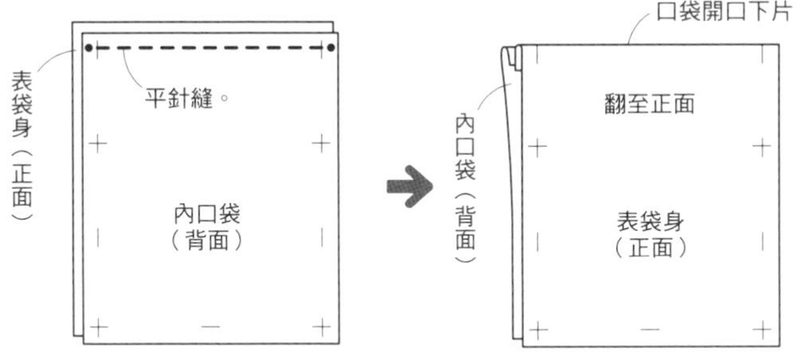


## 2 縫製口袋，並摺疊內口袋。

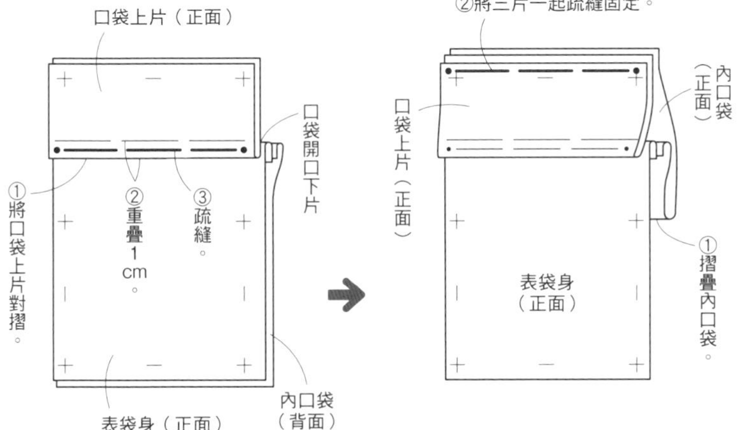


裁布圖

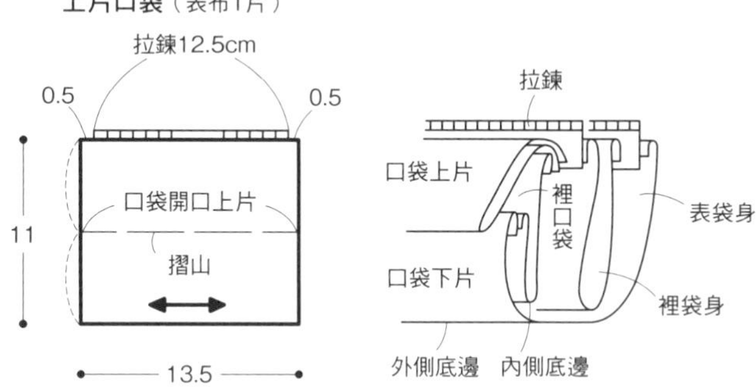


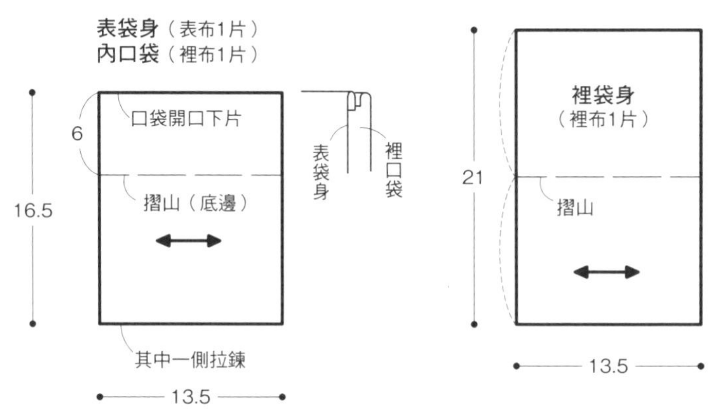


## 3 將拉鍊縫至表袋身。（請見P.48）

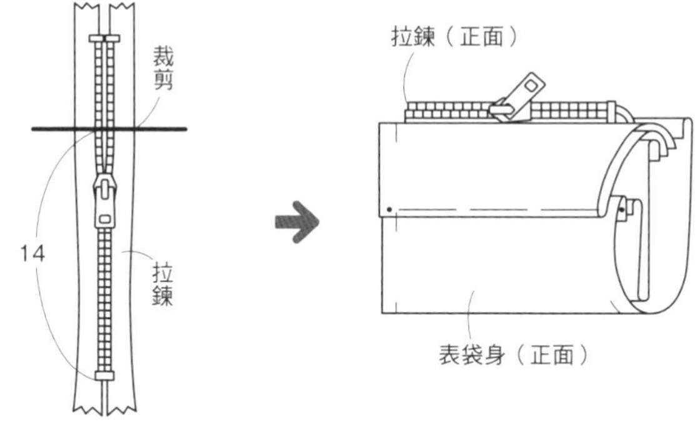


## 4 縫製表袋身與裡袋身的側邊。

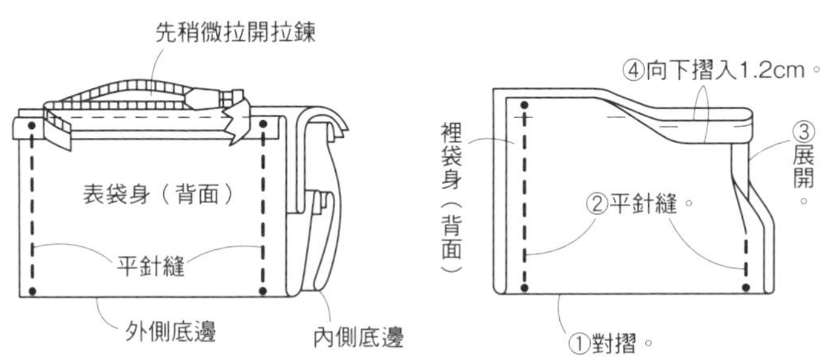


## 5 將裡袋身以藏針縫固定至表袋身。

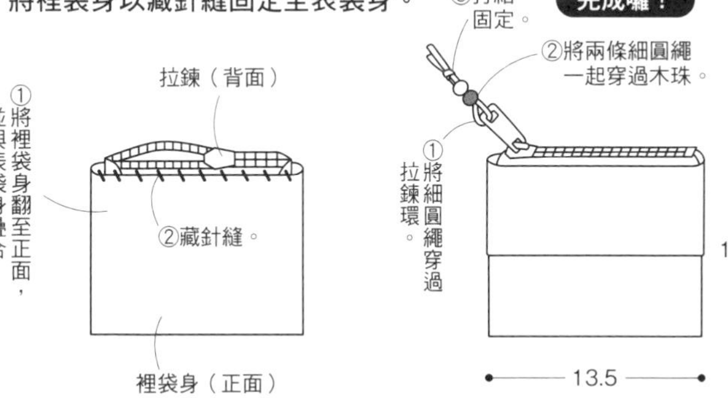


◆裁布圖皆不含縫份。請外加縫份1cm後再進行裁剪。

■ 材料

表布（水玉棉布）20cm×25cm
裡布（格紋棉布）20cm×25cm
拉鍊　長20cm　1條
織帶　寬0.3cm　10cm

**裁布圖**

表袋身（表布1片）
裡袋身（裡布1片）

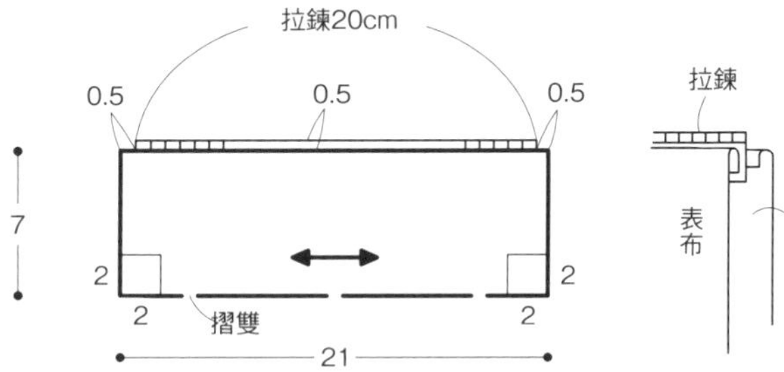


**製作方法**

## 1 將拉鍊縫至表袋身。

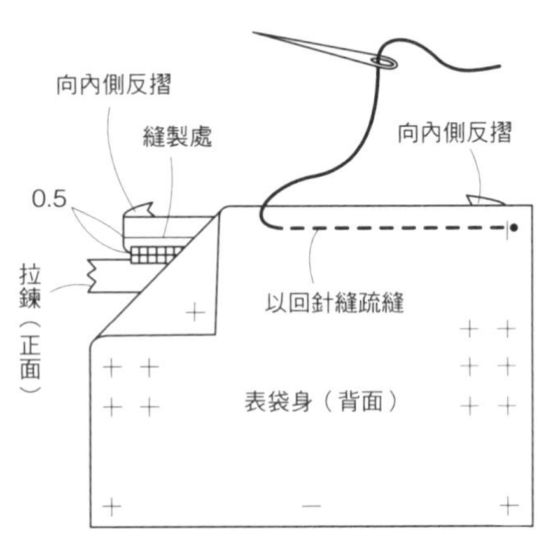


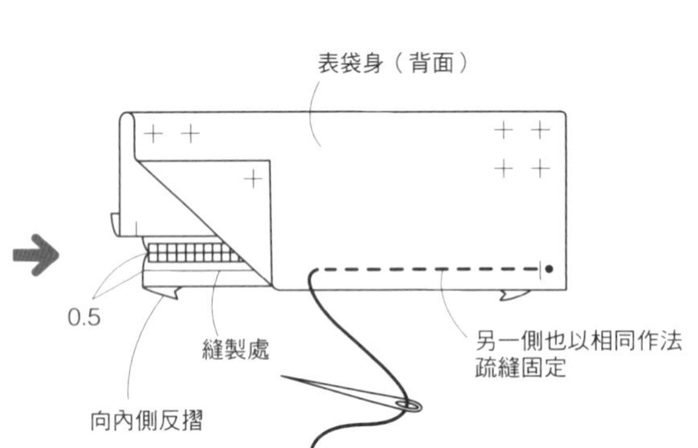


## 2 縫製表袋身側邊。

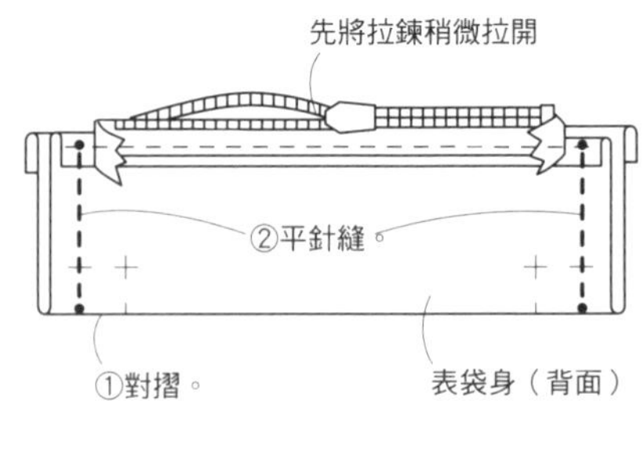


## 3 縫製裡袋身側邊。

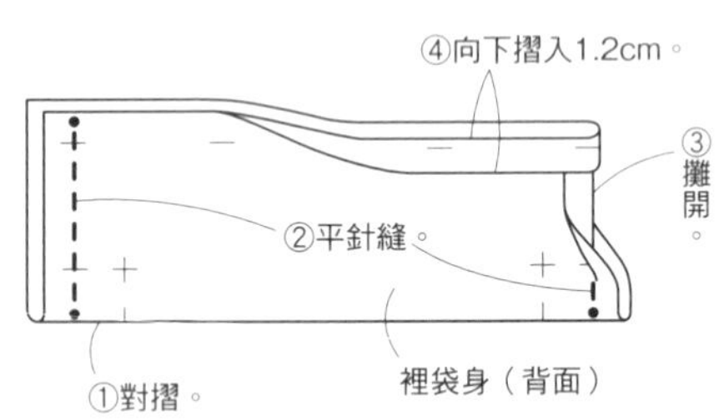


## 4 縫製底角，並將底角縫份摺至袋底固定。

（裡袋身作法亦同）

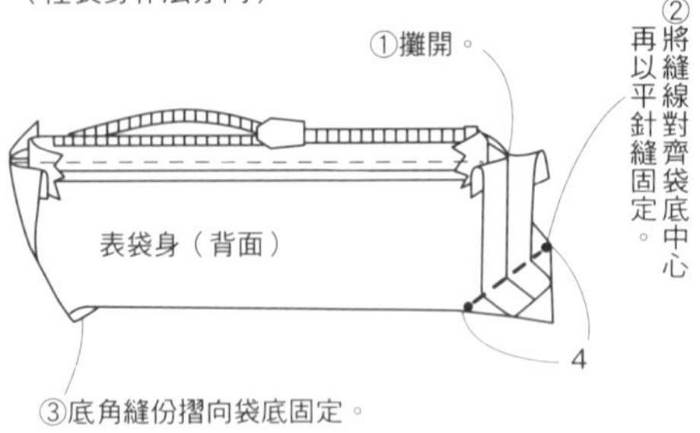


## 5 將裡袋身以藏針縫固定至表袋身。

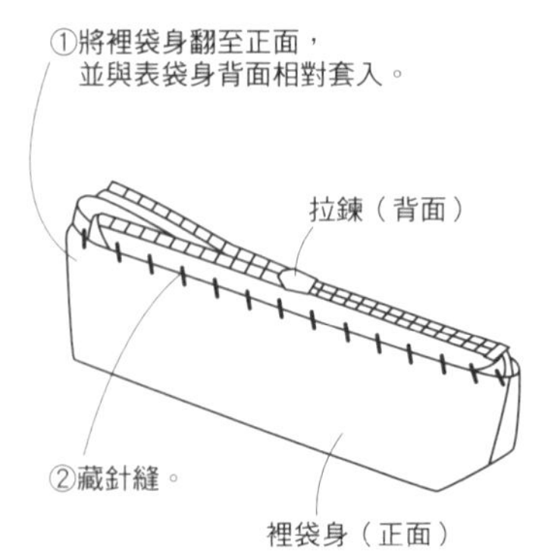


## 6 將織帶穿過拉鍊環。

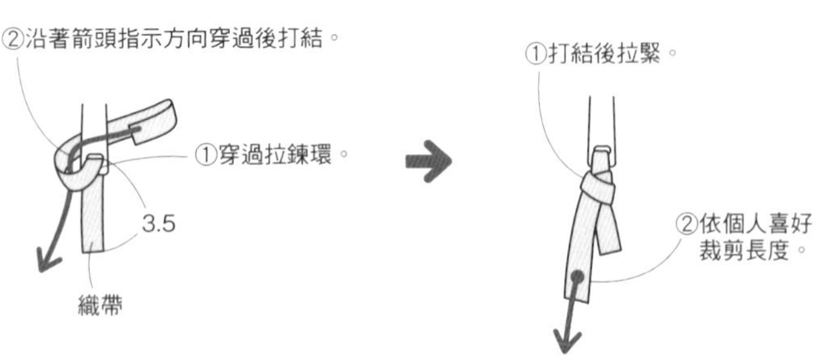


**完成囉！**

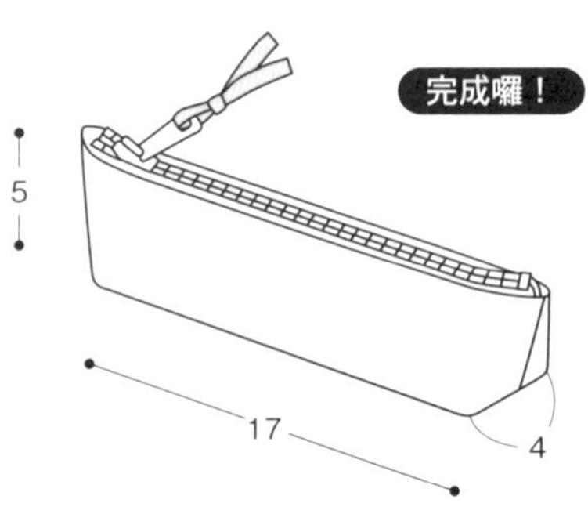


◆裁布圖皆不含縫份。請外加縫份1cm後再進行裁剪。

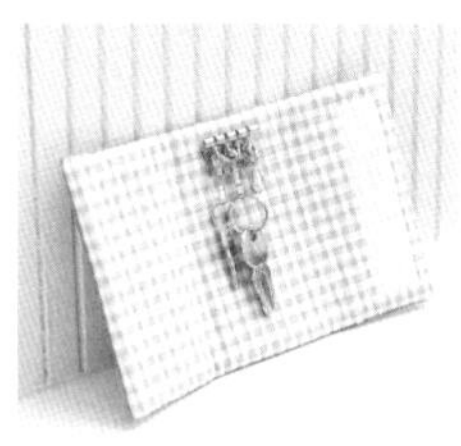

## ■ 材料

表布（花朵印花棉布）20×25cm
裡布（格紋棉布）20×25cm
單膠襯棉　25×15cm
鑰匙環五金　寬3.3cm　1個
魔鬼氈　寬2.5cm　10cm

### 裁布圖

表袋身
（表布一片）

上側
魔鬼氈
2
12.5
10
下側
21

裡袋身
（裡布1片
單膠襯棉1片）

上側
1
鑰匙環五金
魔鬼氈
12.5
10
1
7
下側
7
21

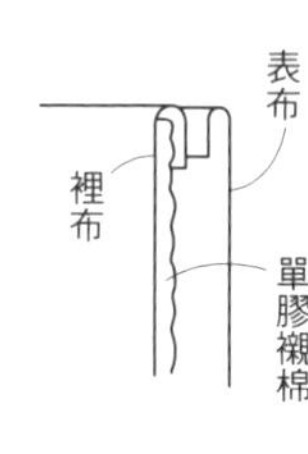


### 製作方法

**1 於表袋身上縫製魔鬼氈。**

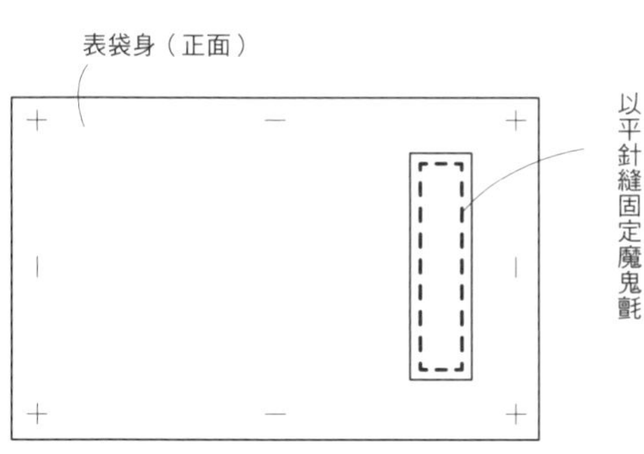


**2 於裡袋身熨燙布襯，再縫製魔鬼氈。**

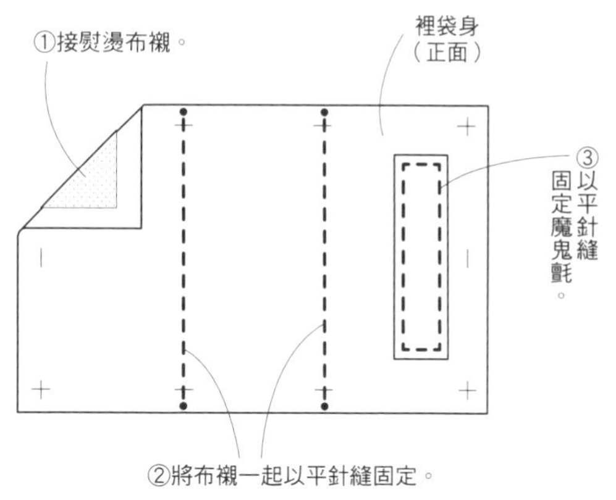


**3 縫製表袋身＆裡袋身。**

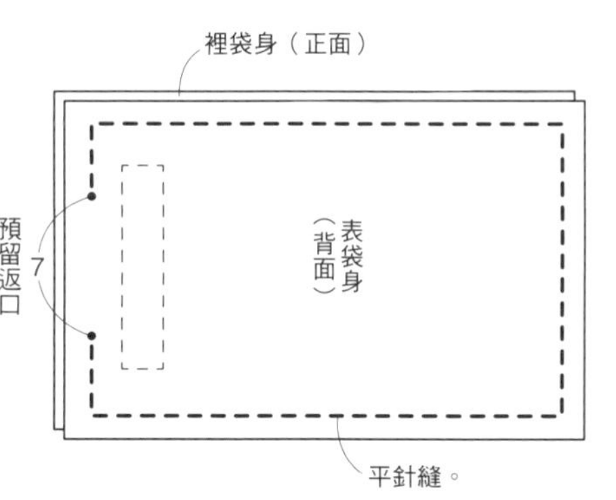


**4 組裝鑰匙環五金。**

完成囉！

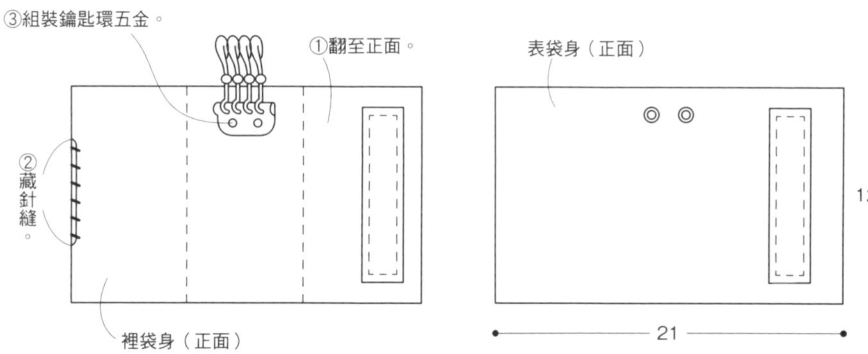


◆裁布圖皆不含縫份。請外加縫份1cm後再進行裁剪。（單膠襯棉不外加縫份）

■ **No.18・No.19材料**（水玉棉麻布）

No.18 A布（水玉棉麻布）20×15cm
B布（素色棉麻布）20×30cm
No.19 A布（素色棉麻布）20×25cm
B布（水玉棉麻布）20×15cm
裡布（印花棉布）20×35cm
單膠襯棉　25×35cm
MOCO繡線　No.18：原色・No.19：淡綠色
口金（INAZUMA BK-1275S・12×6 cm）1個
手藝用接著劑
＊與口金搭配之紙繩。
◆原寸紙型／P.51

**＊口金尺寸＊**

6
12

**製作方法**

## 1 縫製剪接線，並熨燙單膠襯棉。（僅表袋身）

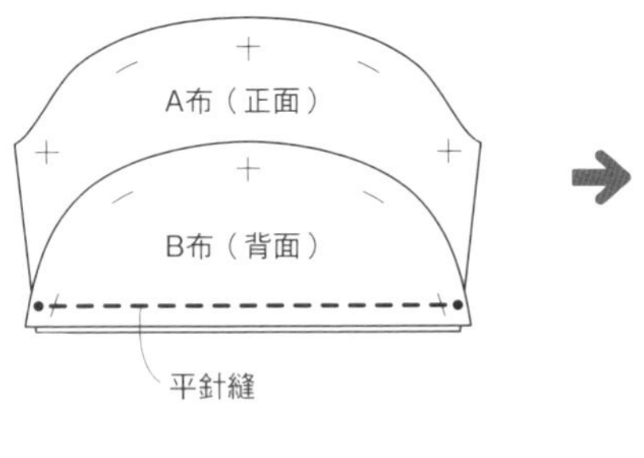


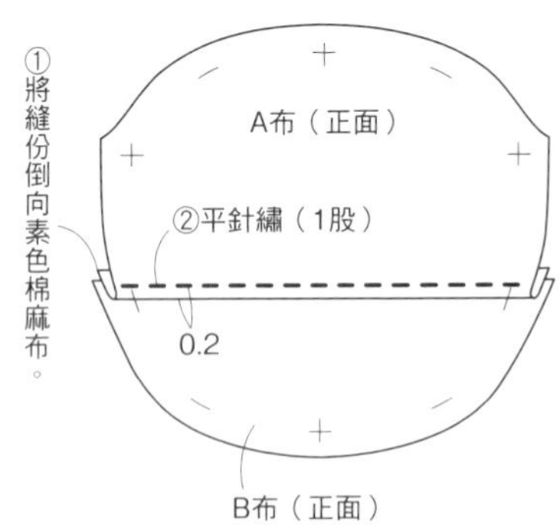


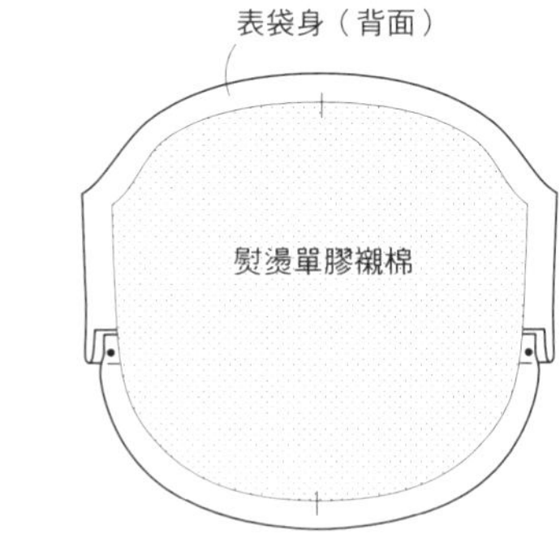


## 2 縫製表袋身。（裡袋身也同樣）

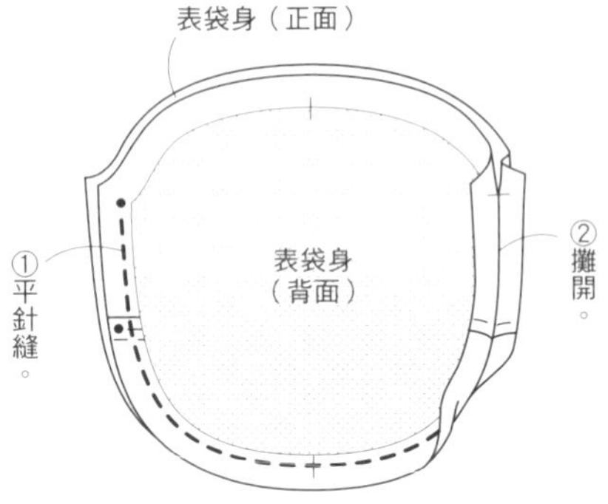


## 3 縫製表袋身＆裡袋身。

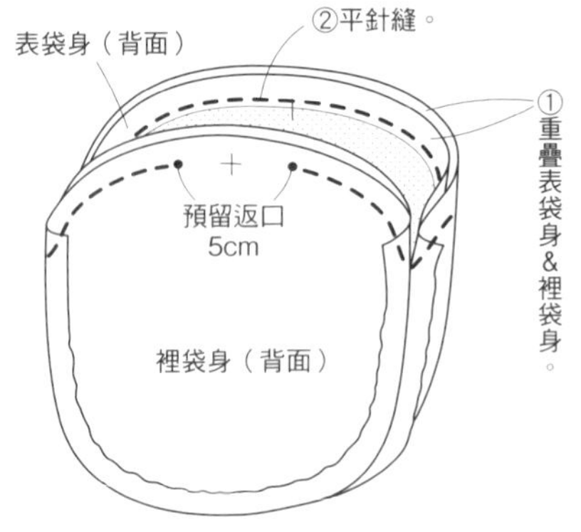


## 4 翻至正面，以藏針縫縫合返口。

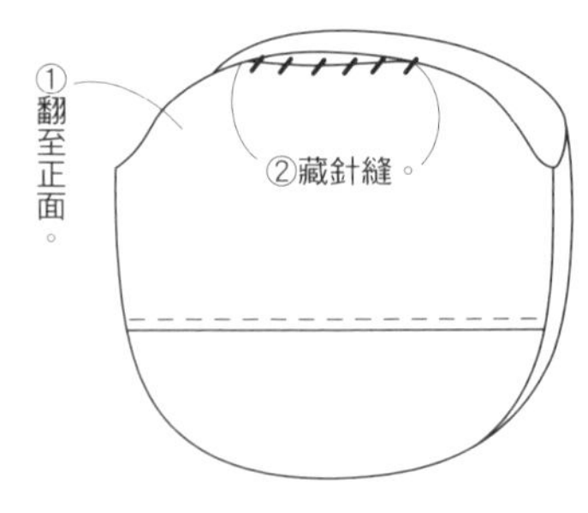


## 5 組裝口金。

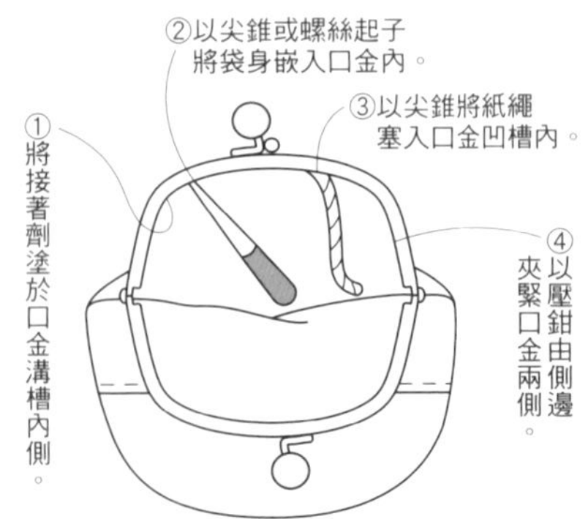


**完成囉！**

NO.19

約14.5cm

約15cm

NO.18

## No.18・No.19原寸紙型

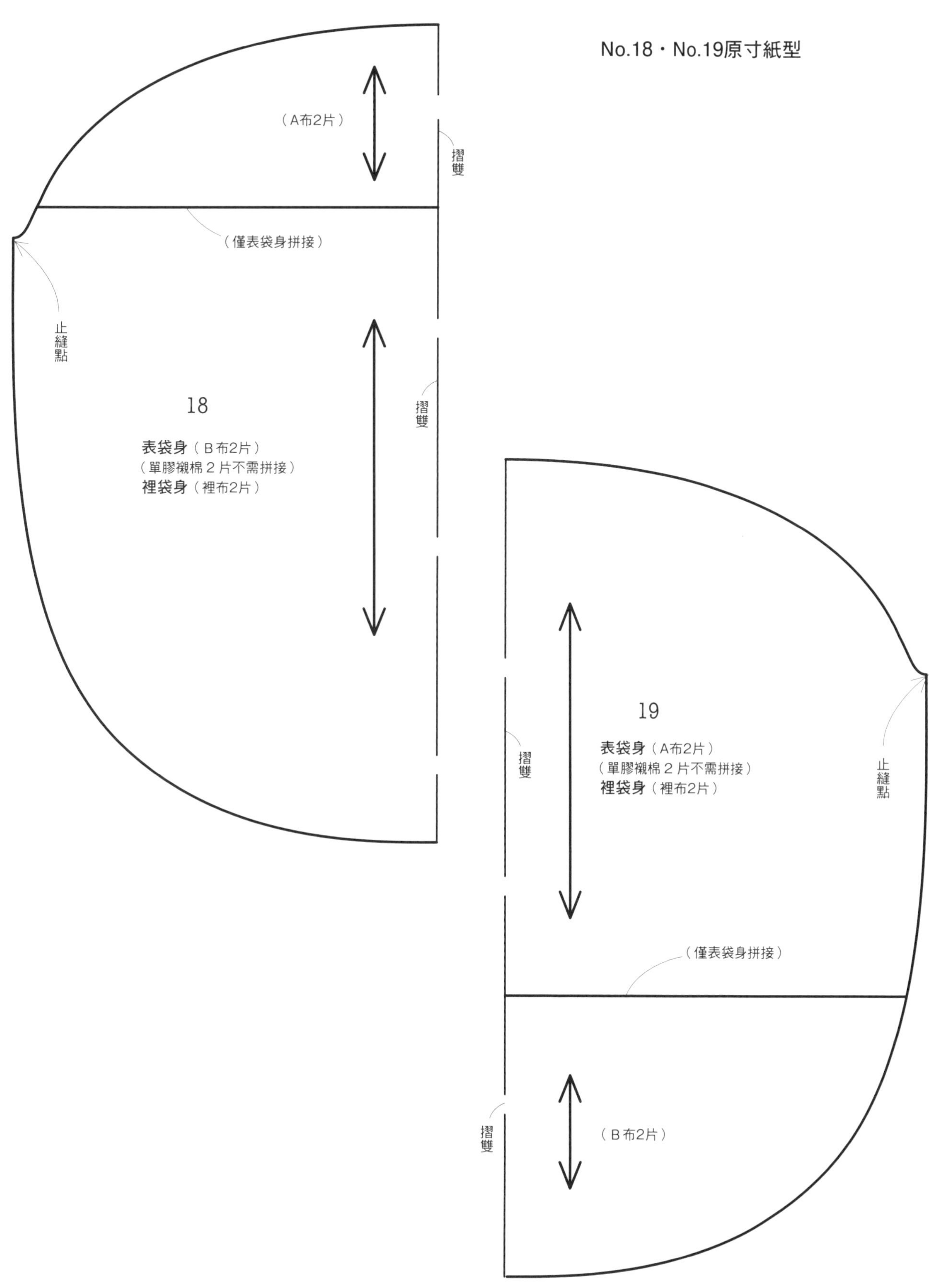


◆裁布圖皆不含縫份。請外加縫份1cm後再進行裁剪。（單膠襯棉不須外加縫份）

P.15 NO.121・NO.122

■ No.21・No.22材料（單款量）

表布（No.21格紋棉布・No.22花朵印花棉布）25×35cm
裡布（No.21花朵印花棉布・No.22格紋棉布）25×30cm
單膠襯棉　25×30cm
拉鍊　長20cm　1條

**裁布圖**

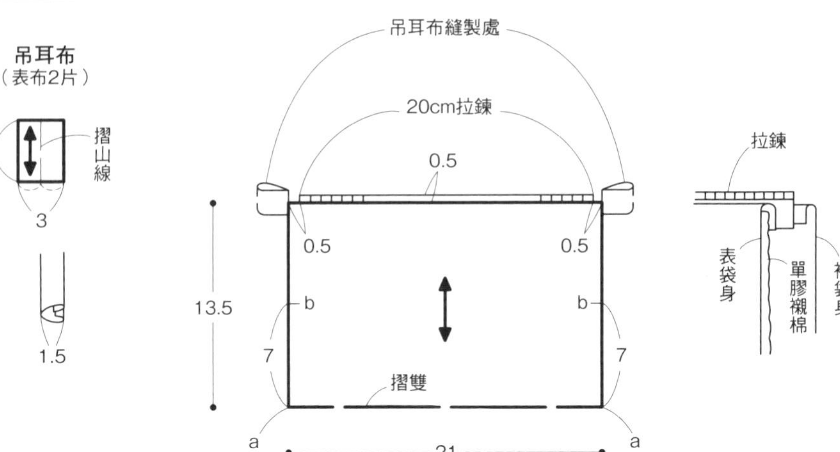


**製作方法**

## 1 於表袋身上縫製拉鍊。

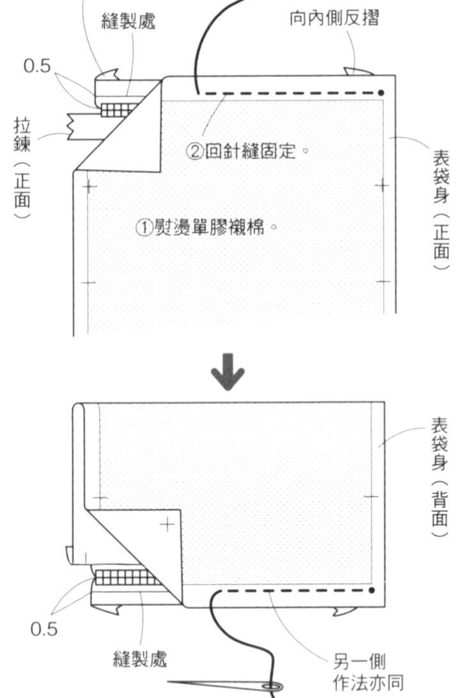


## 2 製作吊耳布。

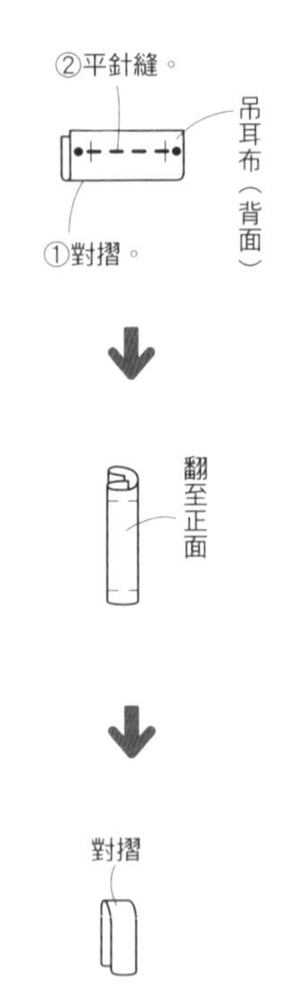


## 3 縫製表袋身側邊。

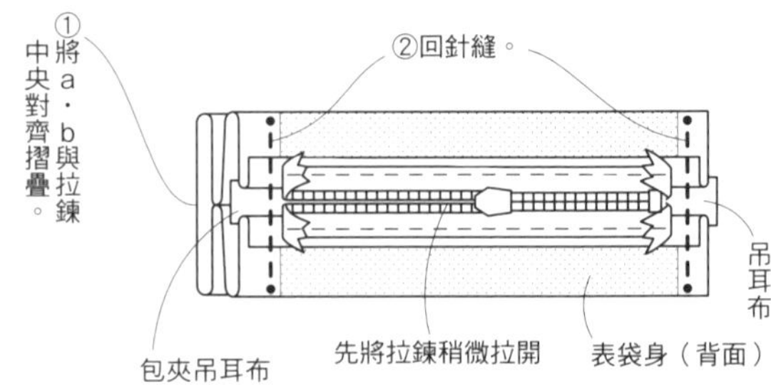


## 4 縫製裡袋身側邊。

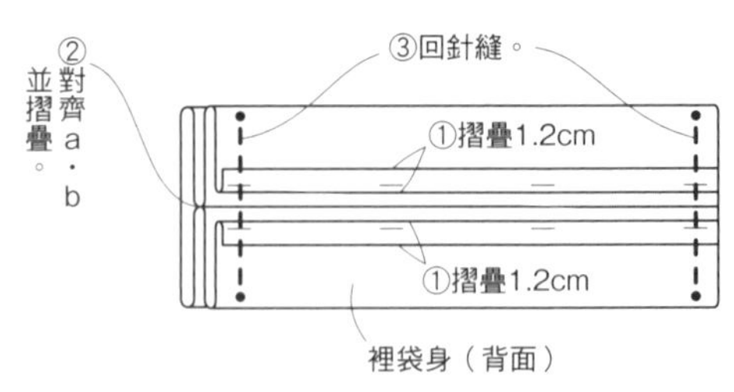


## 5 將裡袋身以藏針縫縫至表袋身。

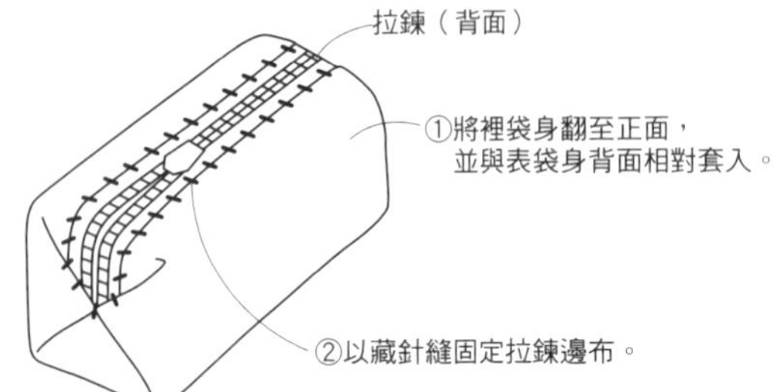


**完成囉！**

NO.22

7
7
14

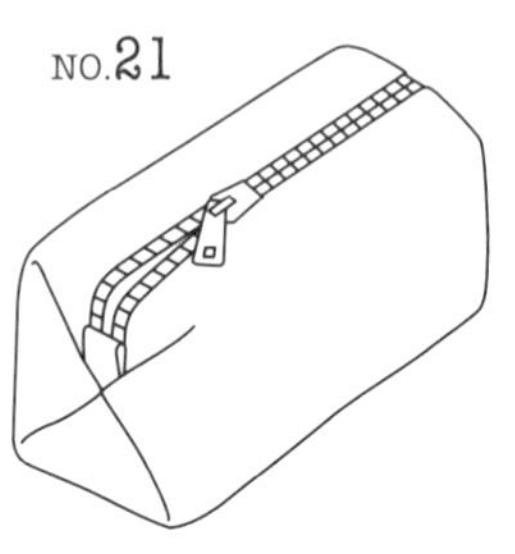


◆裁布圖皆不含縫份。請外加縫份1cm後再進行裁剪。（單膠襯棉不須外加縫份）

■ No.23・No.24（單款量）

表布（No.23素色棉布・No.24格紋棉布）
20×50cm裡布（No.23格紋棉布・No. 24花朵印花棉布）
20×50cm圓繩（直徑0.3cm）90cm

**製作方法**

## 1 縫製表袋身。

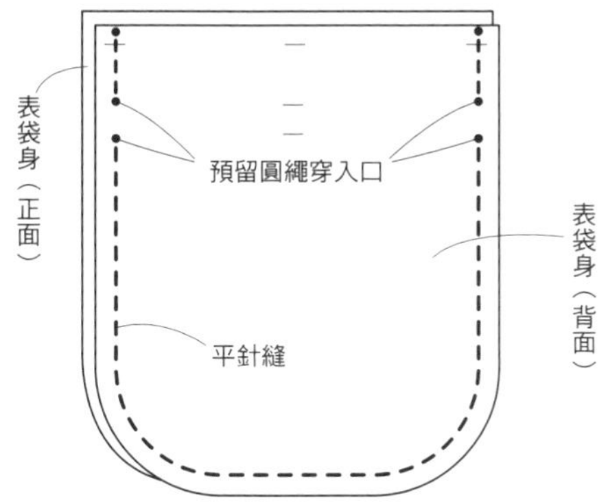


## 2 縫製裡袋身。

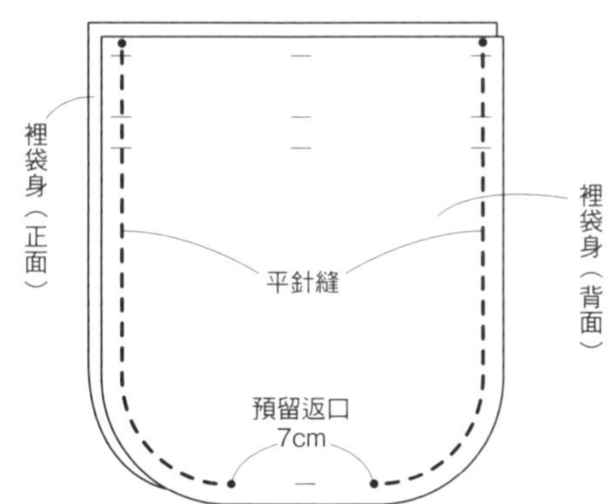


## 3 縫製表袋身＆裡袋身。

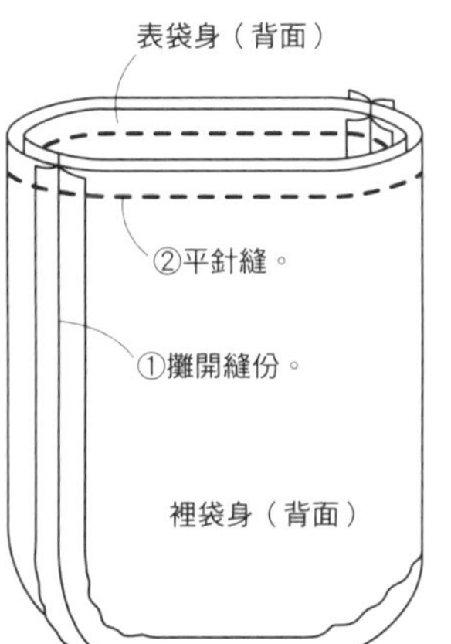


## 4 以藏針縫縫合返口，縫製圓繩穿過的位置。

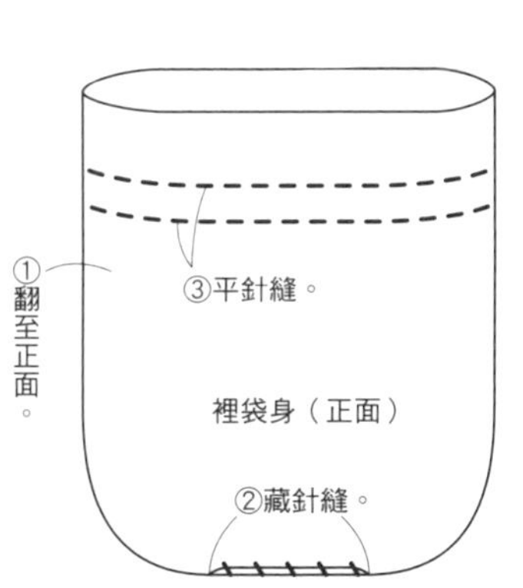


## 原寸紙型

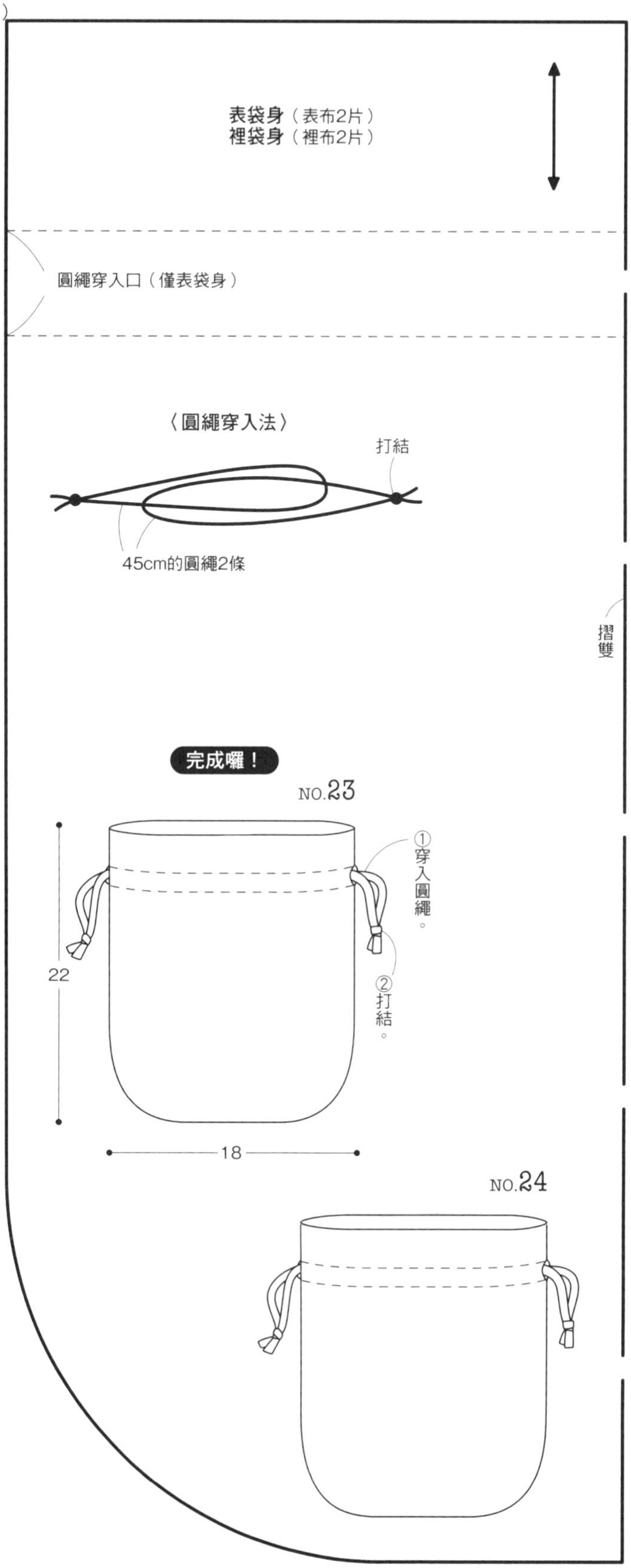

表袋身（表布2片）
裡袋身（裡布2片）

圓繩穿入口（僅表袋身）

〈圓繩穿入法〉

打結

45cm的圓繩2條

摺雙

**完成囉！**

NO.23

①穿入圓繩。

②打結。

22

18

NO.24

◆紙型皆不含縫份。請外加縫份1cm後再進行裁剪。

P.17 NO.25・NO.26

■ No.25・No.26材料（單款量）

表布（素色棉麻布）25×15cm
裡布（印花棉布）25×15cm
單膠襯棉　25×15cm
拉鍊長（20 cm・可裁剪款）1條
裝飾徽章　2片
棉繩（直徑0.2cm）10 cm
手藝用接著劑

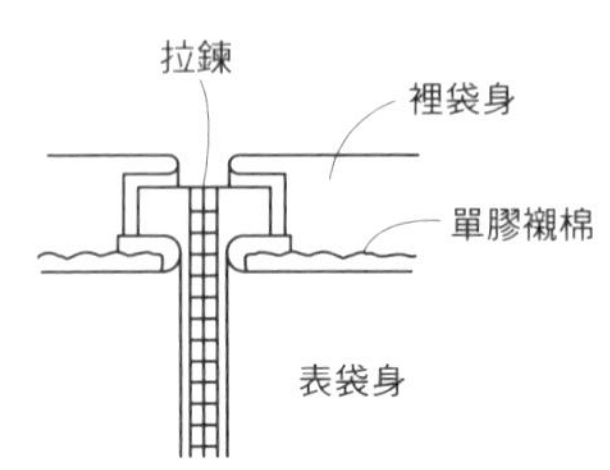


裁布圖

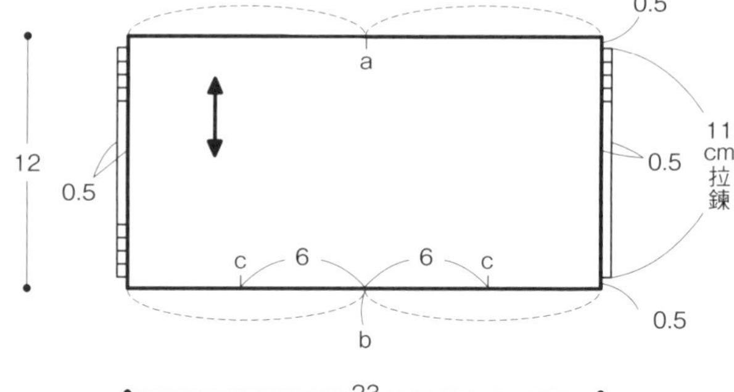


製作方法

**1** 於表袋身上縫製拉鍊。

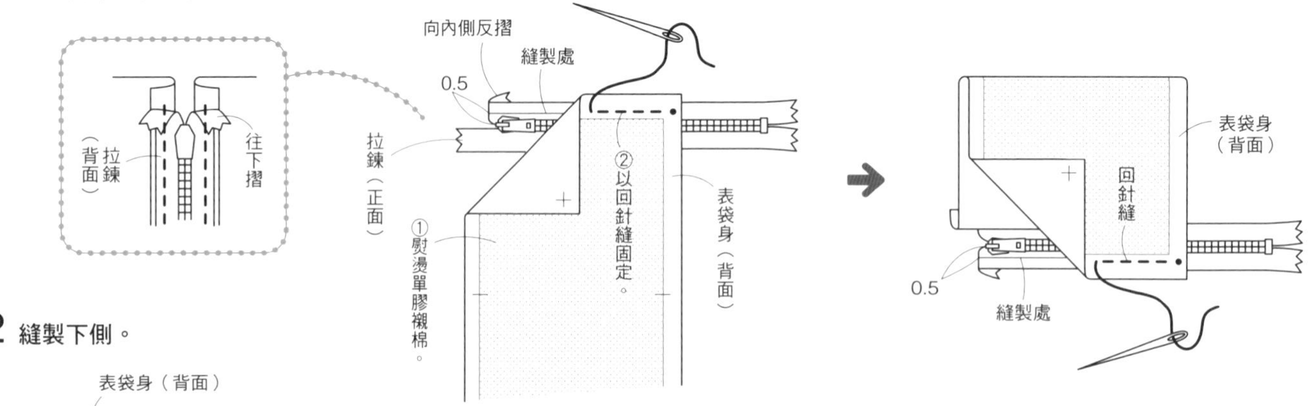


**2** 縫製下側。

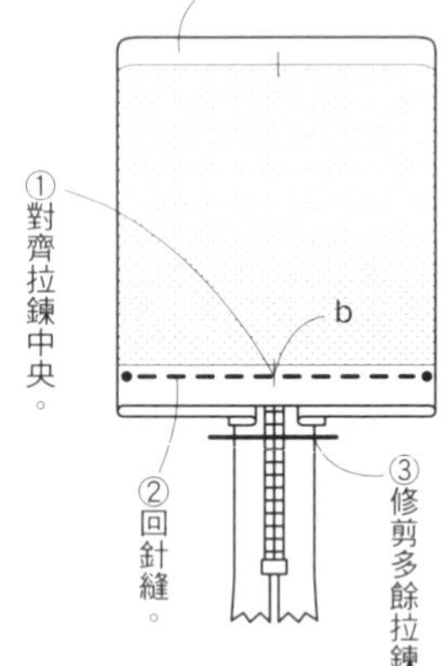


**3** 縫製後側。

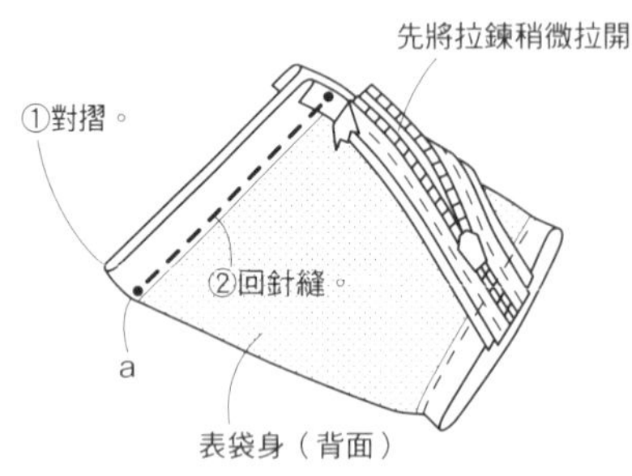


**4** 縫製裡袋身。

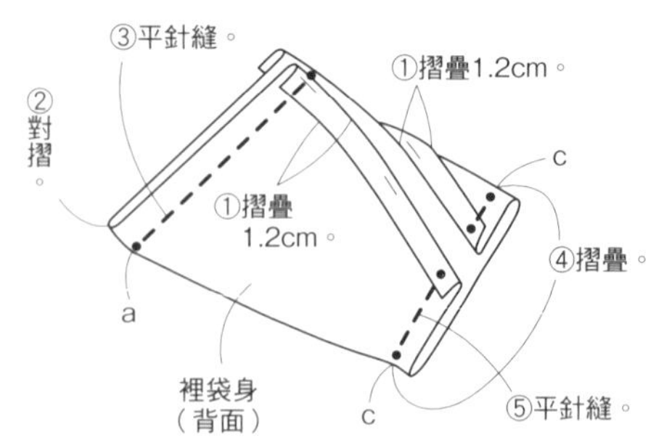


**5** 將裡袋身以藏針縫固定至表袋身。

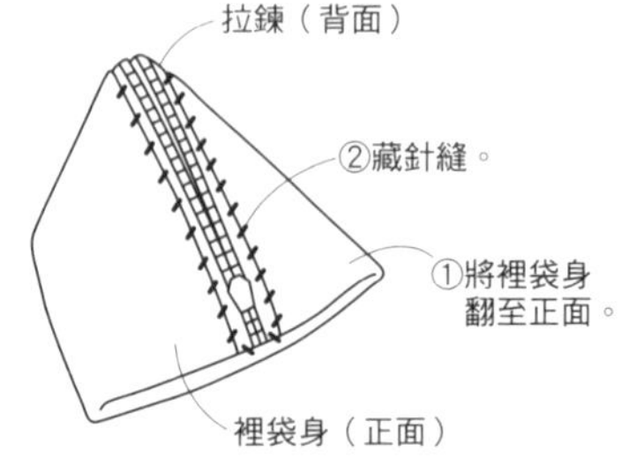


**6** 於拉鍊頭組裝裝飾品。

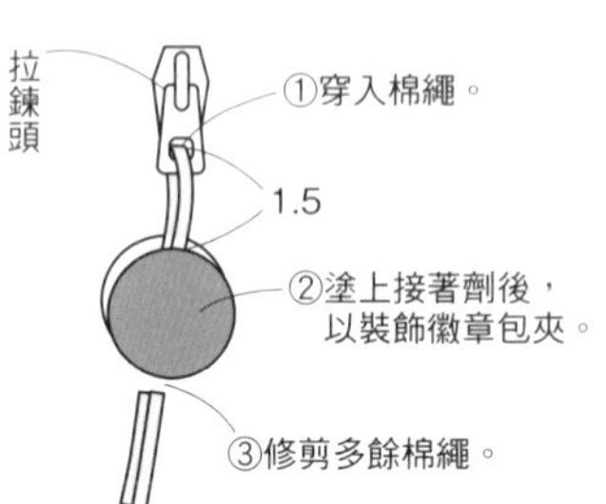


完成囉！

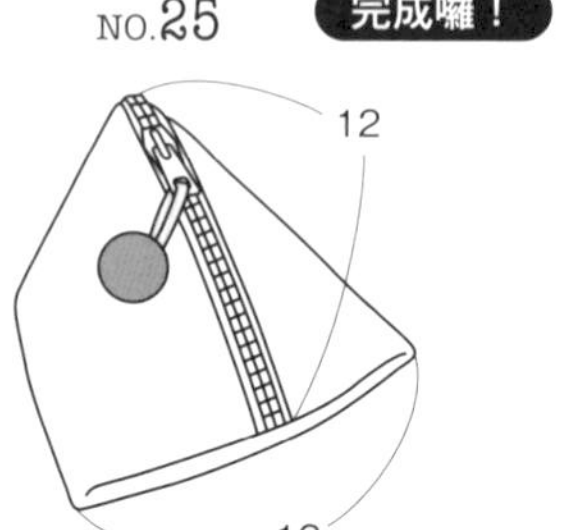


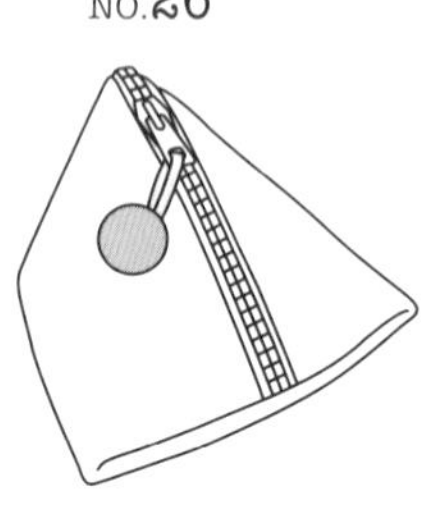


◆裁布圖皆不含縫份。請外加縫份1cm後再進行裁剪。（單膠襯棉不須外加縫份）

| 材料 | No.27（大） | No.28（中） | No.29（小） |
|---|---|---|---|
| 表布 | （粗條紋）30×30cm | （素色）25×25cm | （細條紋）20×20cm |
| 裡布 | （素色）30×30cm | （條紋）25×25cm | （水玉）20×20cm |
| 單膠襯棉 | 30×30cm | 25×25cm | 20×20cm |
| 織帶（Hamanaka H715-212-007・寬1.2cm） | 30cm | 25cm | 20cm |
| 25號繡線 | 水藍色 | | |

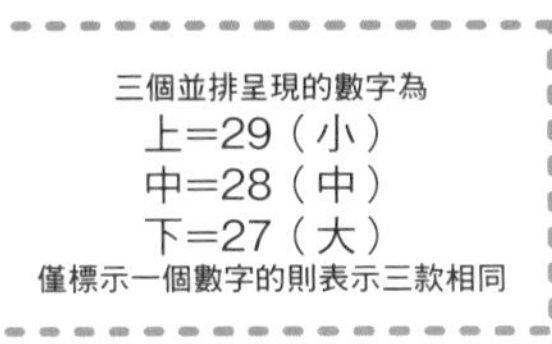


**製作方法**

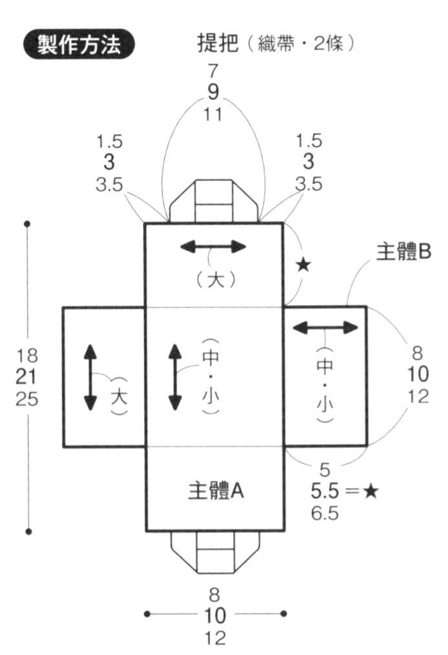


表主體A（表布1片）
表主體B（表布2片）
裡主體A（裡布1片・單膠襯棉1片）
裡主體B（裡布2片・單膠襯棉2片）

**裁布圖** ◆開始製作前◆先於表主體A・B皆熨燙單膠襯棉。

## 1 縫製主體A與主體B（裡主體作法亦同）

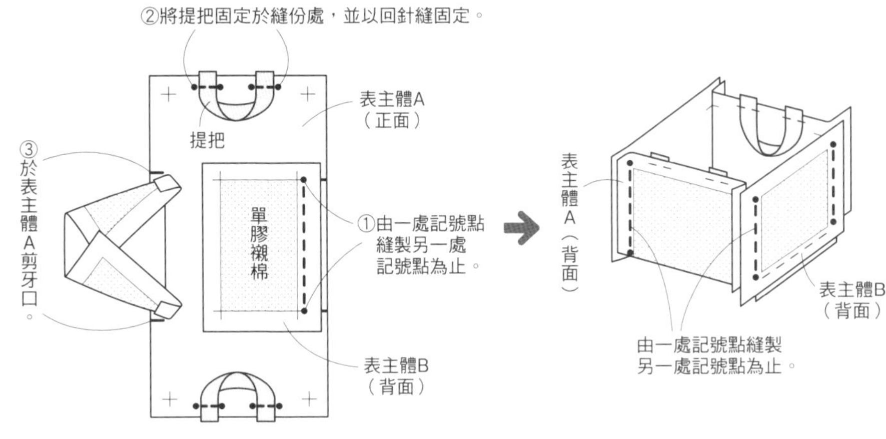


## 2 縫製表主體＆裡主體。



## 3 由返口翻至正面，再以藏針縫縫合返口。

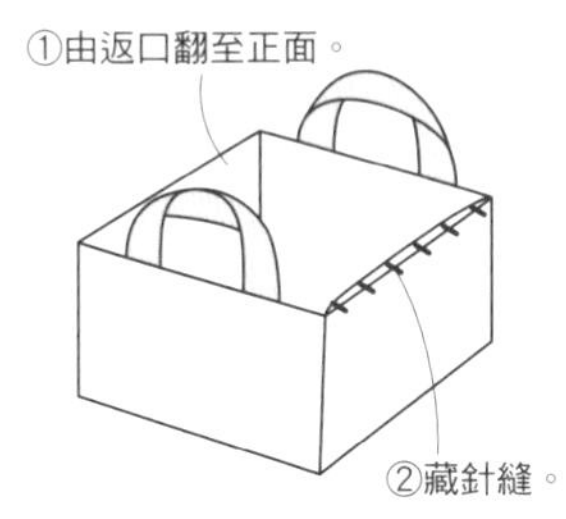


## 4 抓出四角，並縫合固定。

**完成囉！**

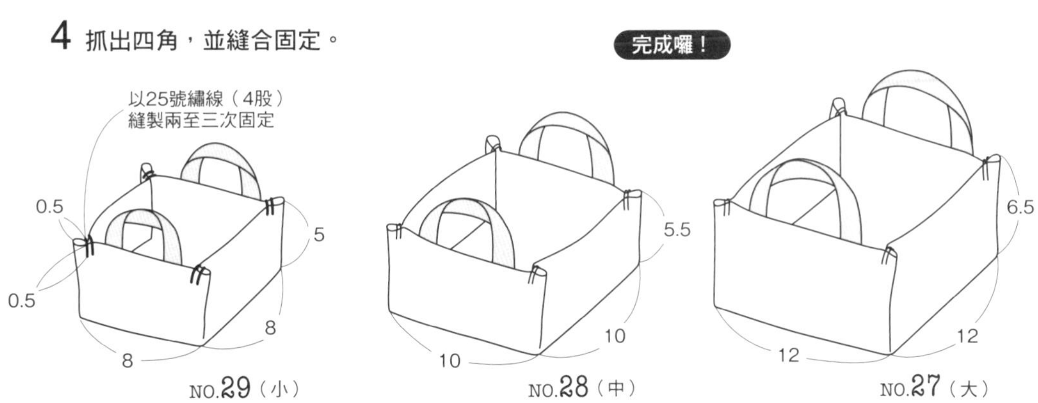


◆裁布圖皆不含縫份。請外加縫份1cm後再進行裁剪。（單膠襯棉不須外加縫份）

■ No.30・No.31（單款量）
A布（No.30條紋棉布・No.31碎花棉布）30×15cm
B布（No.30花朵印花棉布・No.31水玉棉布）20×20 cm
織帶（麻混織帶・Hamanaka H869-925・寬1cm）20cm
厚紙板　10×10cm
棉花　約10至15克
◆圓底原寸紙型／P.80

**裁布圖**

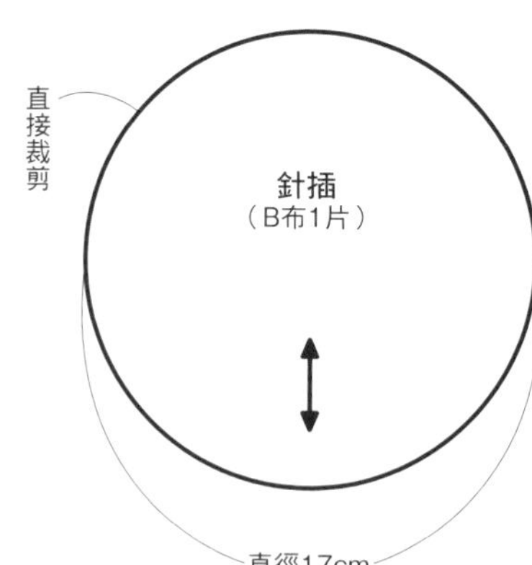


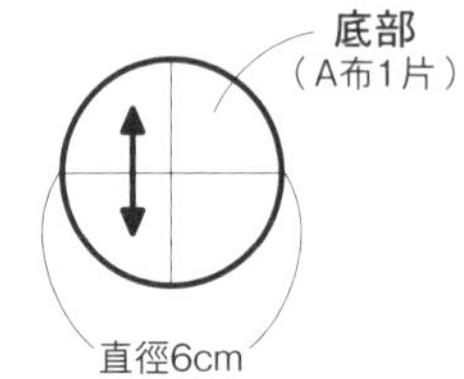


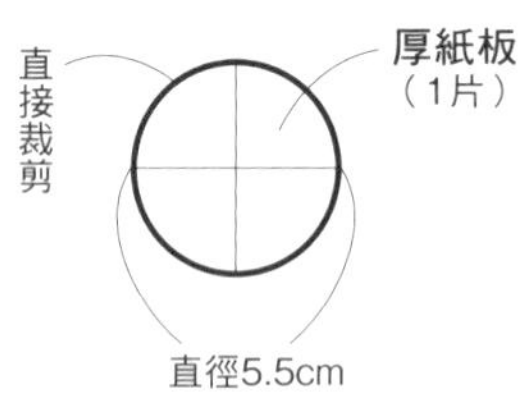


**製作方法**

## 1 縫製側身。

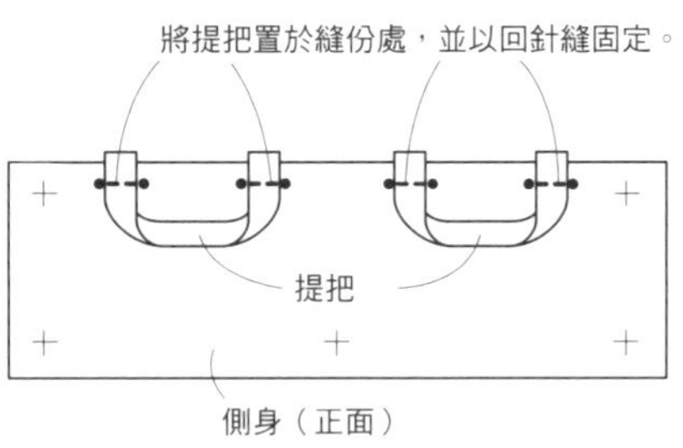


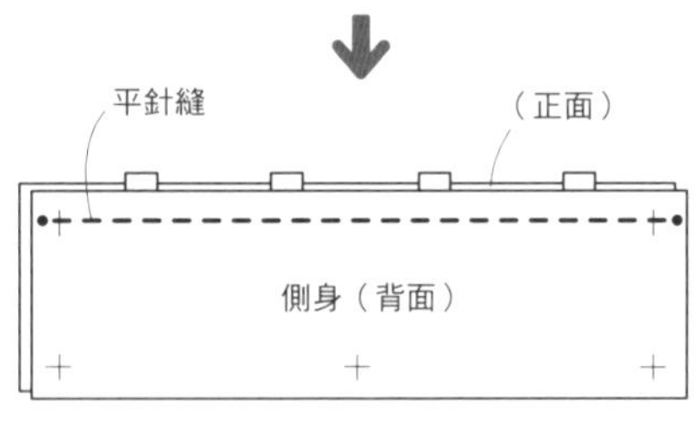

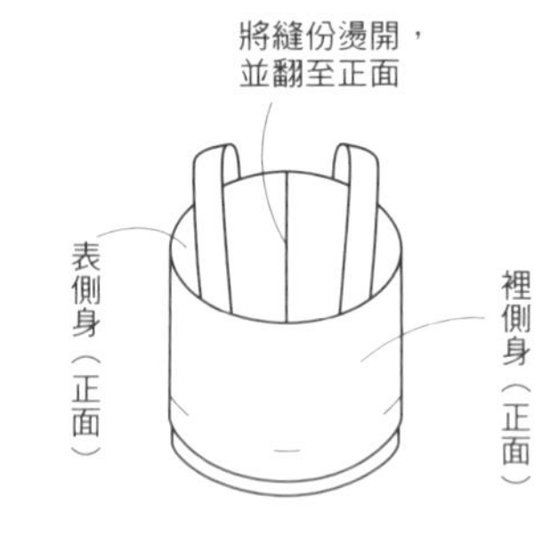


## 2 縫製側身＆底部。

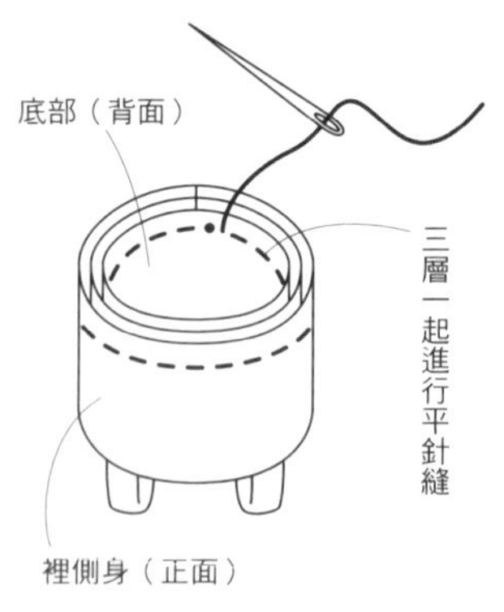


## 3 製作針插，並縫製於厚紙板上。

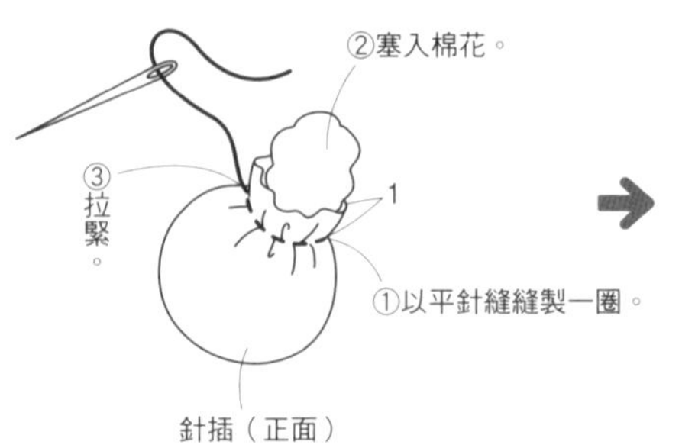


## 4 將針插置入主體內。

**完成囉！**

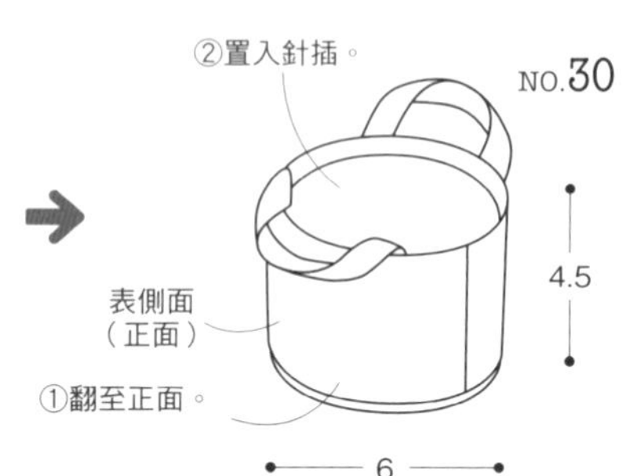


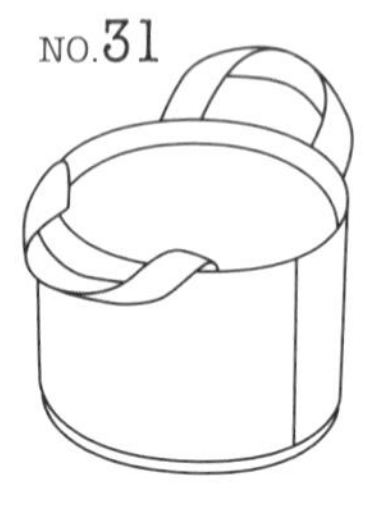




◆裁布圖皆不含縫份。除了針插與厚紙板之外，請外加縫份1cm後再進行裁剪。

■ 材料

A布（水玉棉布）10×25cm

B布（印花棉布）10×25cm

C布（素色棉布）10×25cm

織帶（麻混織帶・Hamanaka H869-925・寬1cm）10cm

原寸紙型

製作方法

1 於口袋上縫製織帶。

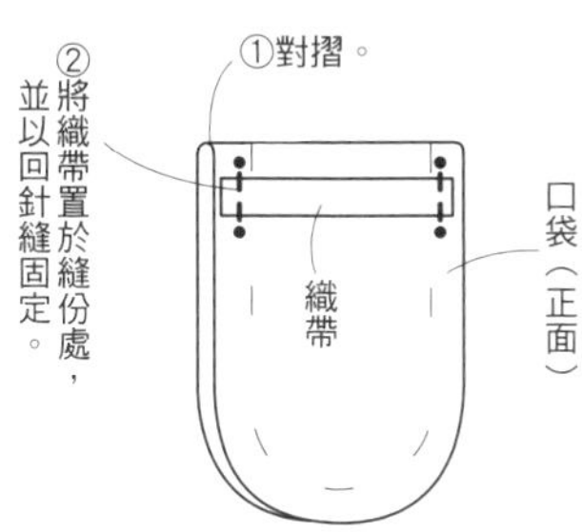


2 以兩片袋身包夾口袋縫製固定。

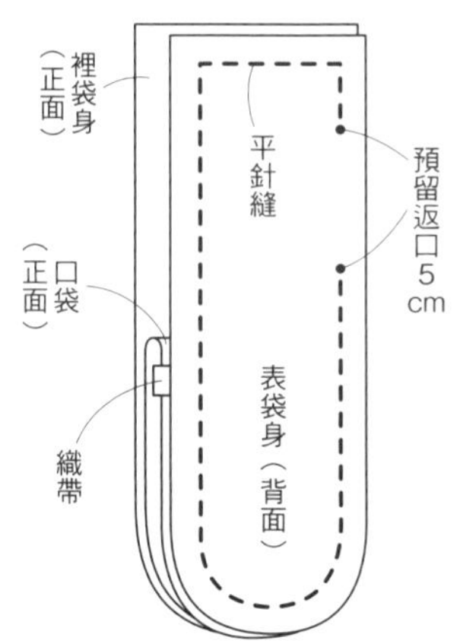


3 翻至正面，並以藏針縫縫合返口。

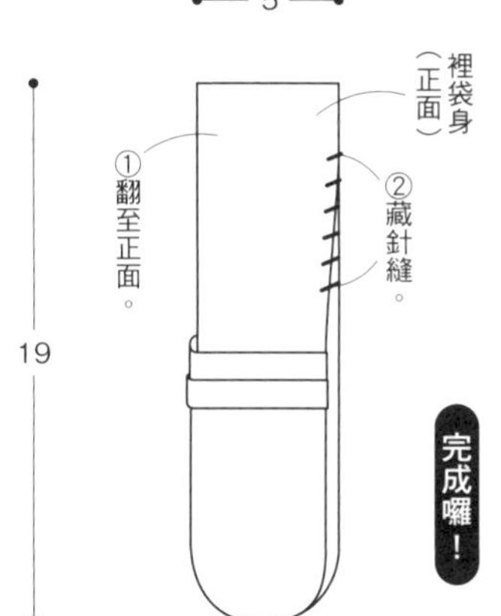

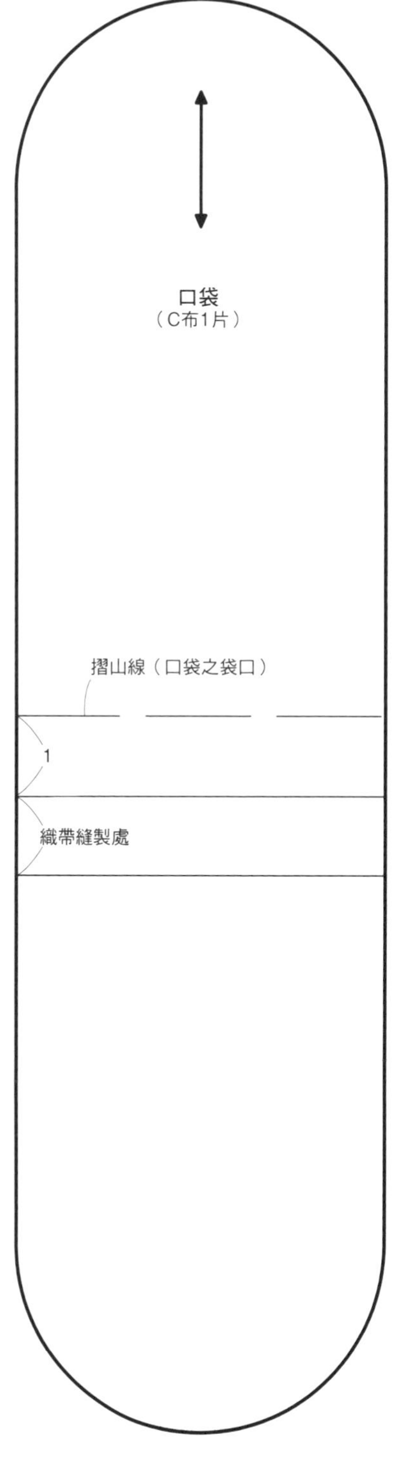


◆紙型皆不含縫份，請外加縫份1cm後再進行裁剪。

■ 材料
A布（素色棉布）25×25cm
B布（印花棉布）25×25cm
單膠襯棉　25×25cm
MOCO繡線　淺紫色

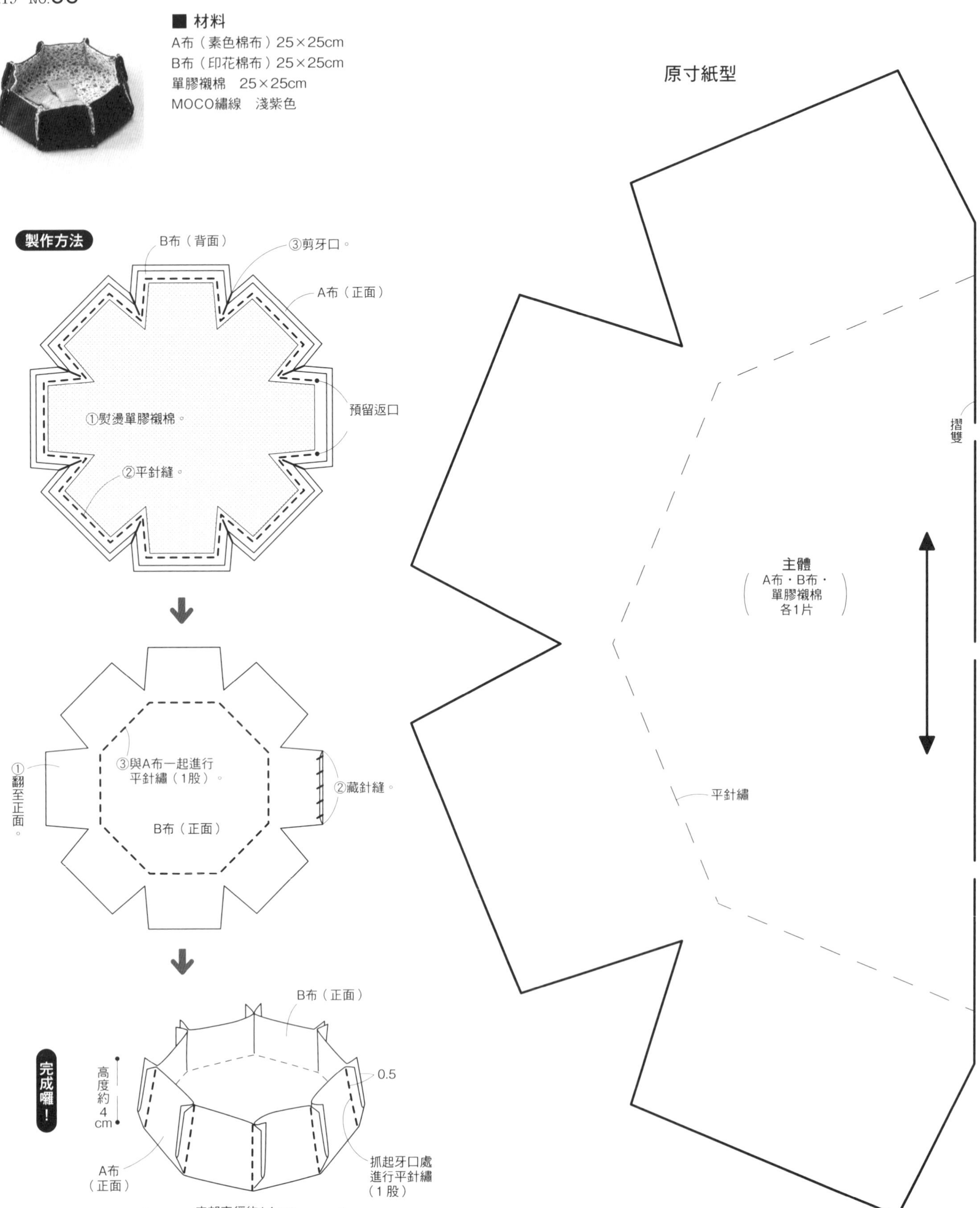


◆紙型皆不含縫份，請外加縫份0.5cm後再進行裁剪。（單膠襯棉不須外加縫份）

■ 材料

表布（素色棉麻布）30×30cm
布標（熱燙貼）2片
MOCO繡線　深茶色

裁布圖

主體（表布2片）

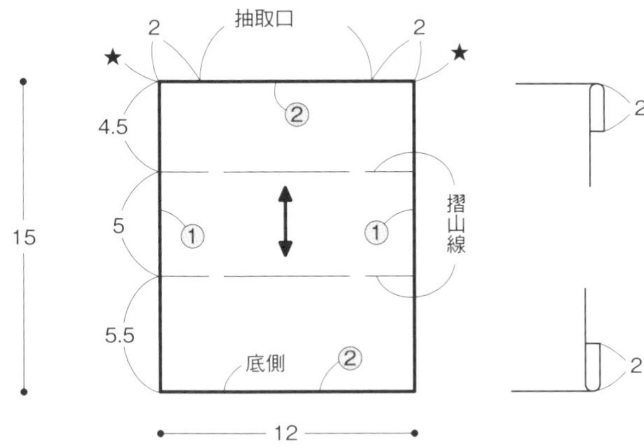


側身（表布2片）

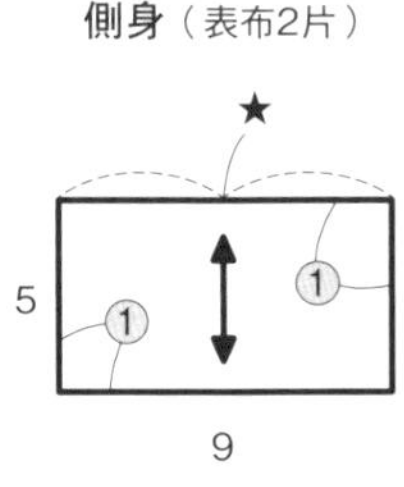


★＝記號點

製作方法

1 縫製抽取口。

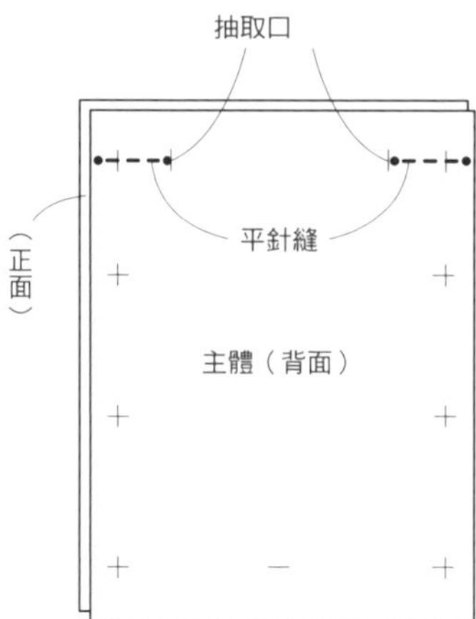


2 縫製裝飾線，並加上布標。

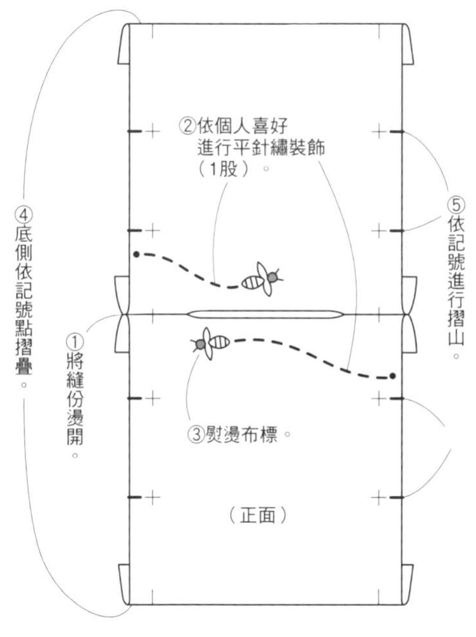


3 組裝主體＆側身。

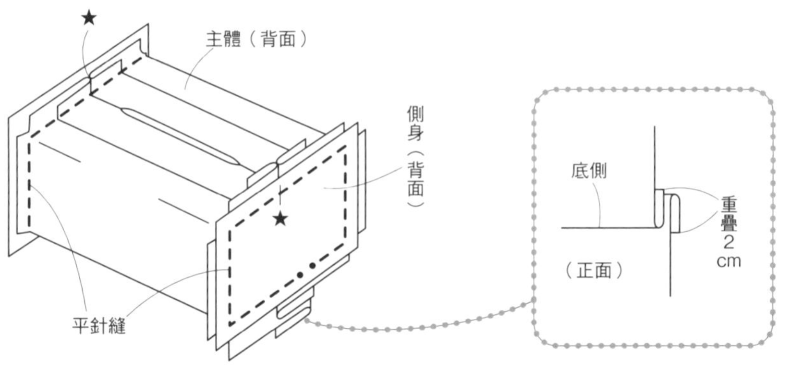


完成囉！

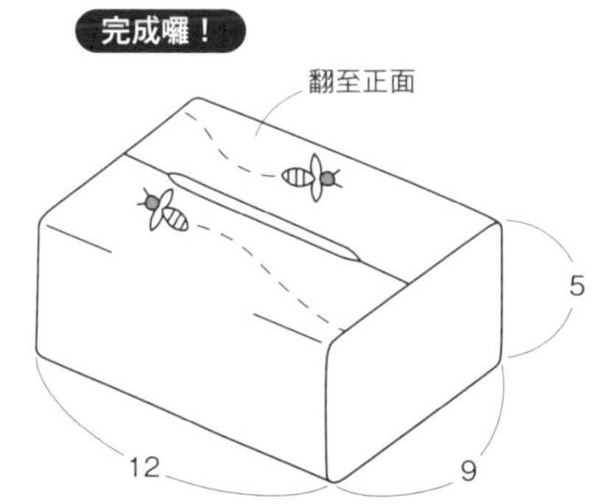


◆紙型皆不含縫份，請外加◯內的指定縫份後再進行裁剪。

■ 材料

A布（條紋棉布）35×35cm
B布（印花棉布）35×35cm
C布（素色棉布）5×10cm
包釦（CLOVER・直徑2.2cm）2個
◆適用面紙盒尺寸
約11.5×23.8×5.3（長×寬×高）

裁布圖

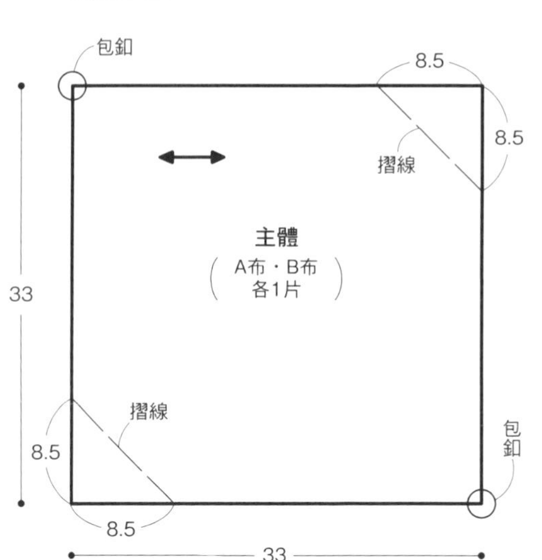


原寸紙型

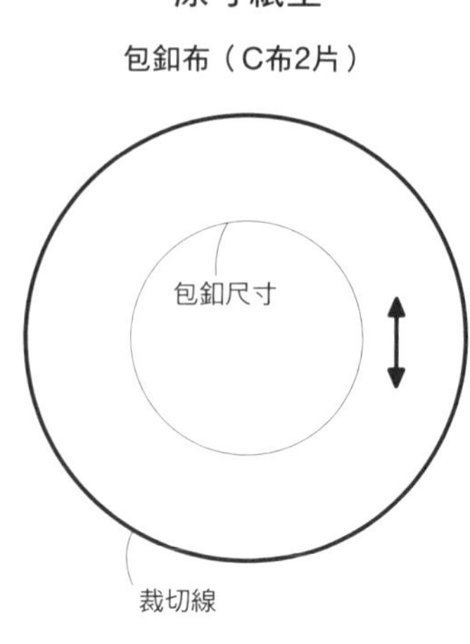


製作方法

1 縫製A布＆B布。

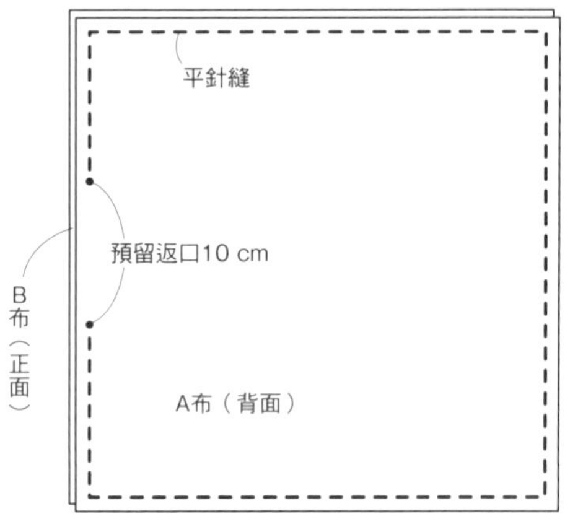


2 翻至正面，以藏針縫縫合返口。

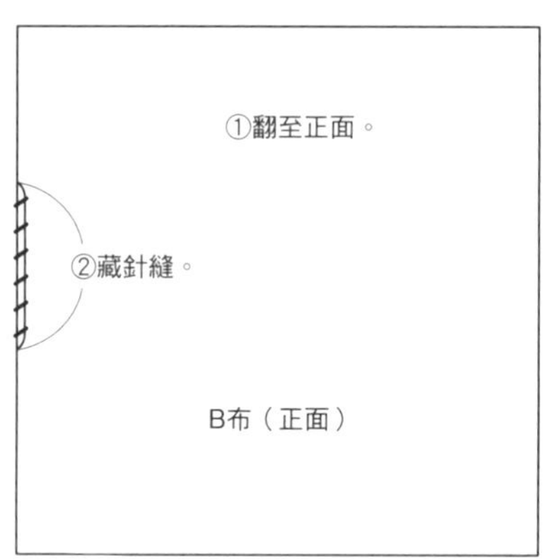


3 將摺線兩端縫製固定。

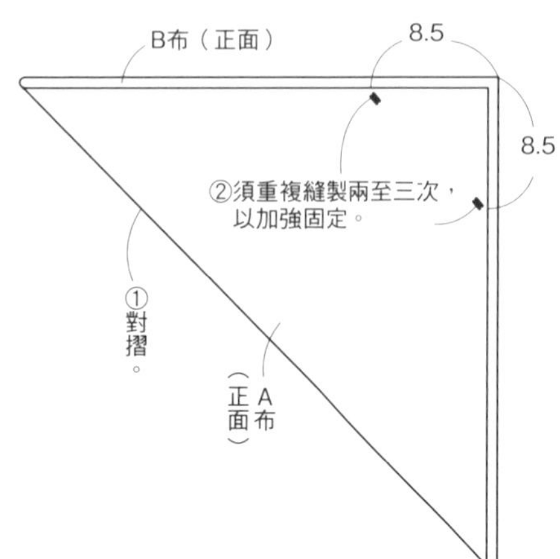


4 包釦製作（請見P.77）。

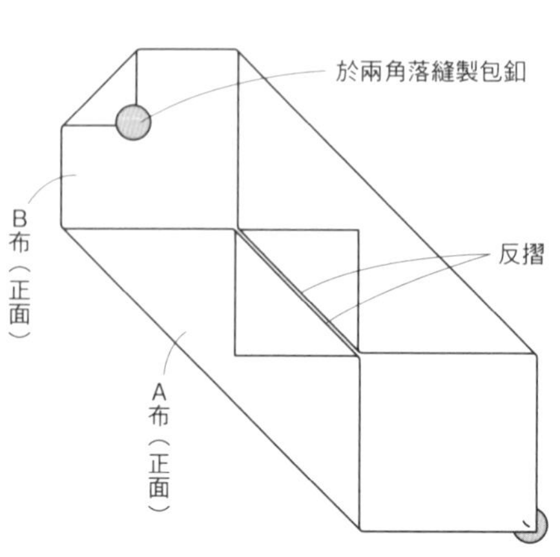


◆裁布圖皆不含縫份，除了包釦布之外，請外加縫份1cm後再進行裁剪。

■ **No.36材料**
A布（素色棉麻布）35×35cm
B布（印花棉布）15×35cm
C布（格紋棉布）45×35cm
MOCO繡線　紅色

■ **No.37・No.38材料**（單款量）
A布（素色棉麻布）15×15cm
B布（No.37印花棉布・No.38格紋棉布）
15×15cm
MOCO繡線　紅色

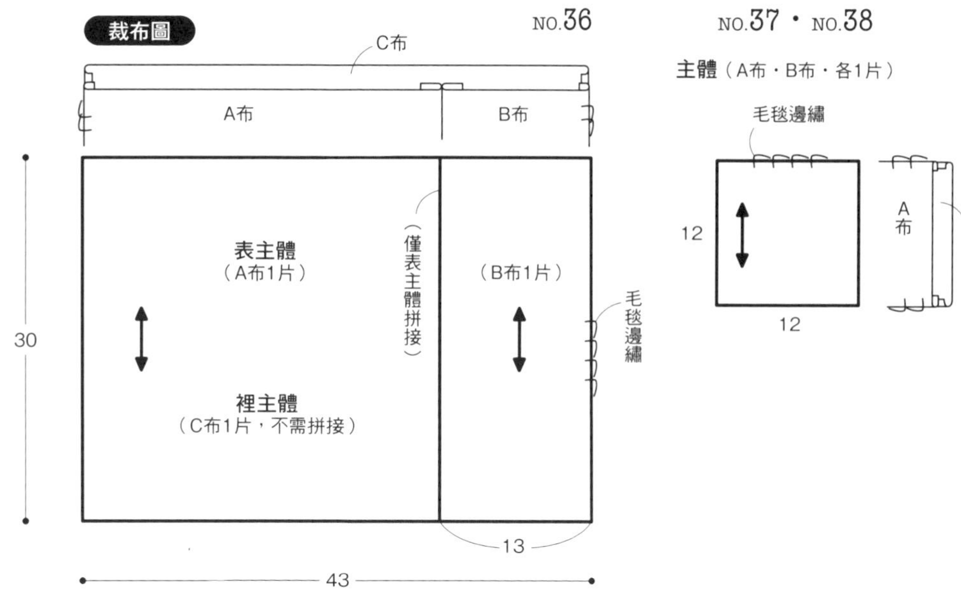


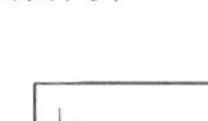


（三款作品作法皆同）

**1** 縫製剪接線。（僅No.36）

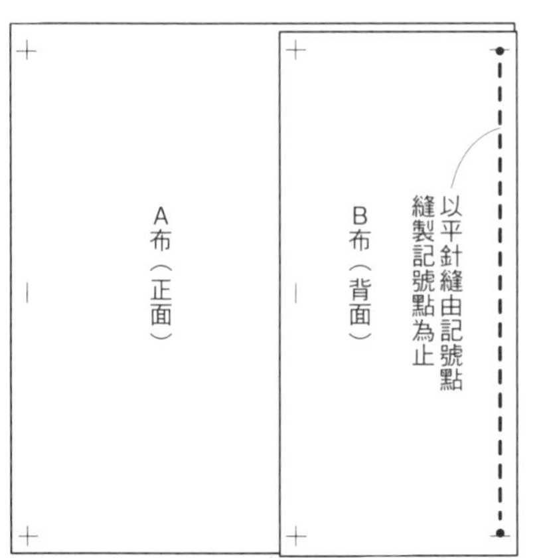


**2** 縫製表主體＆裡主體。

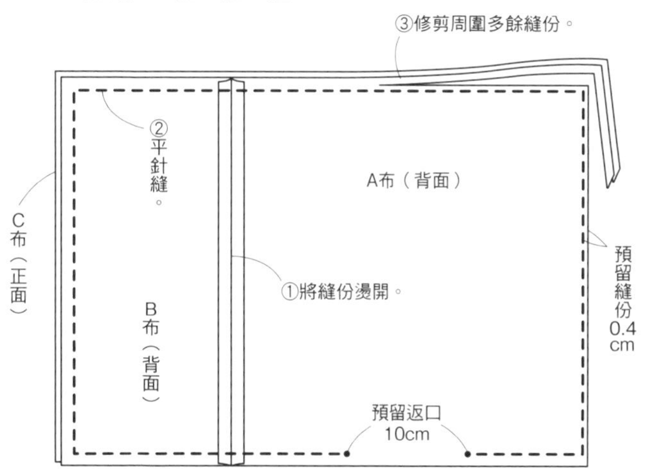


**3** 翻至正面，並縫製裝飾線。

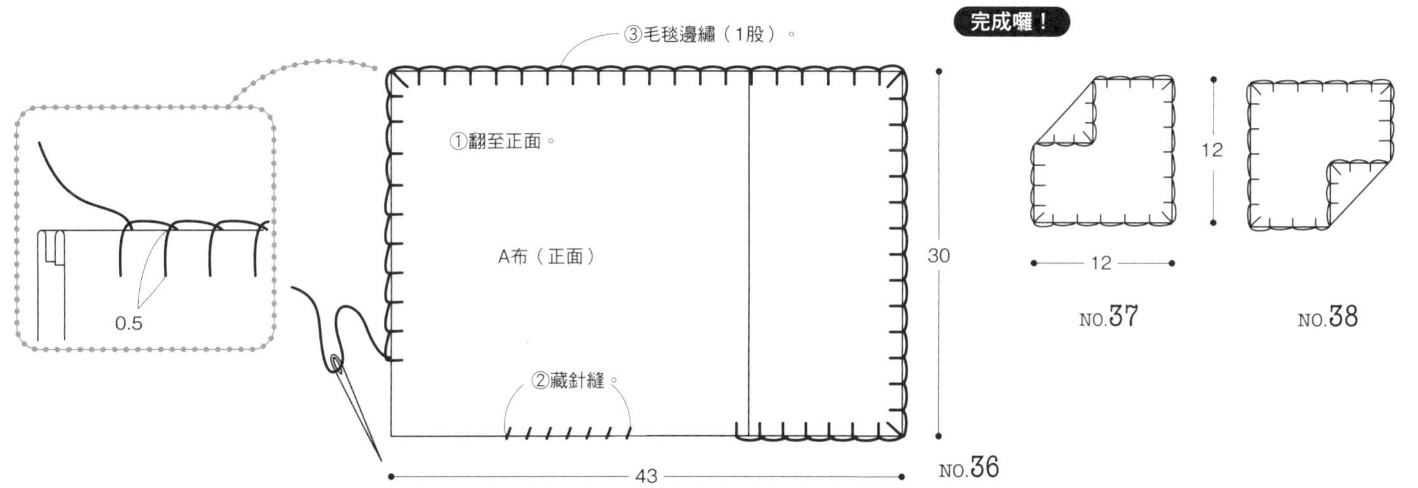


◆裁布圖皆不含縫份，請外加縫份1cm再進行裁剪。

裁布圖

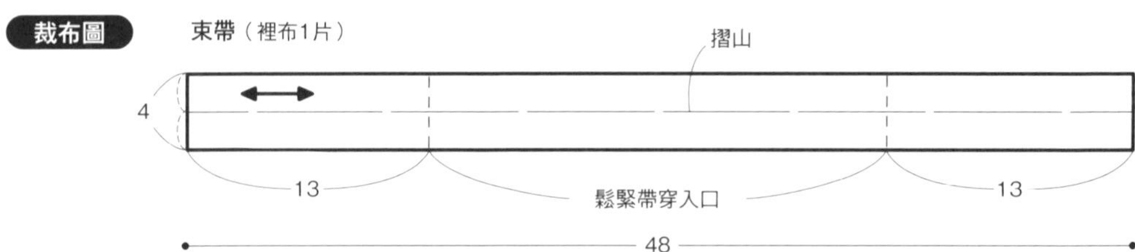


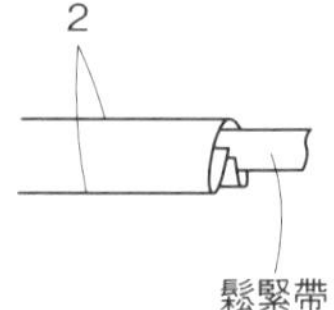


■ 材料

表布（格紋棉麻布）25×15cm

裡布（格紋棉布）30×50cm

單膠襯棉　20×10cm

鬆緊帶　寬1.5cm　15cm

◆原寸紙型／P.63

製作方法

## 1 製作束帶。

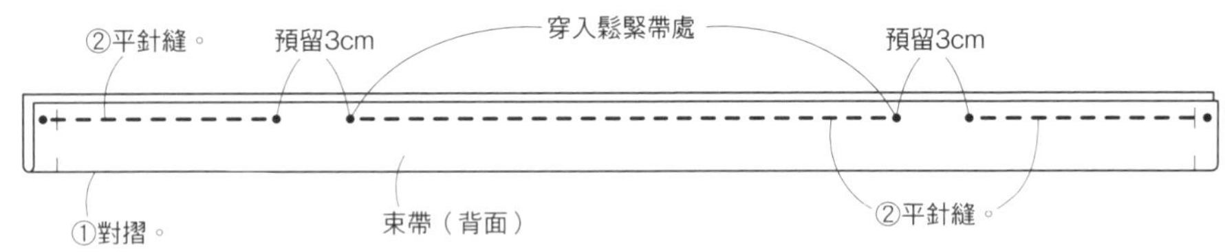

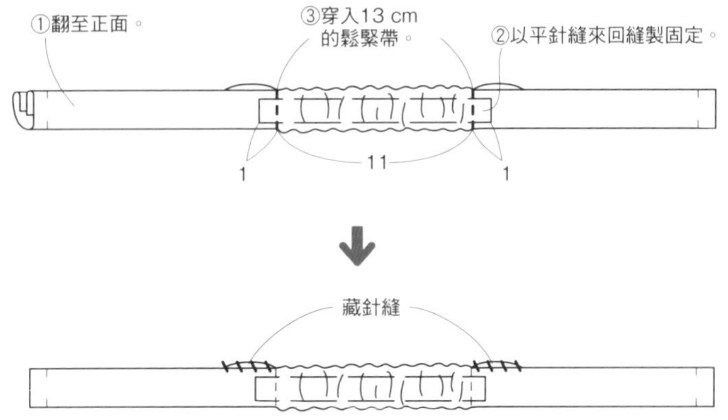


## 2 縫製裡主體擋布，並組裝束帶。

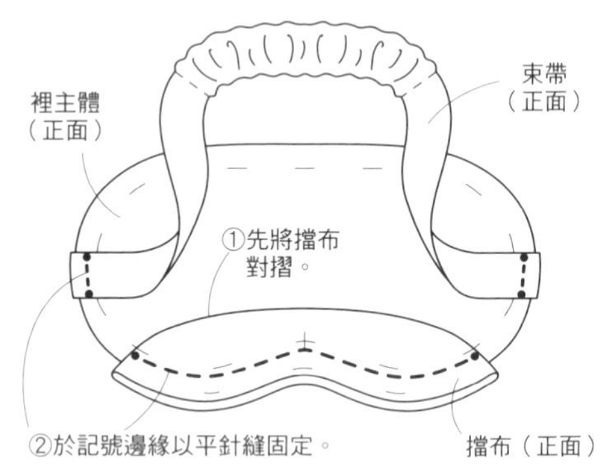


## 3 縫製表主體＆裡主體。

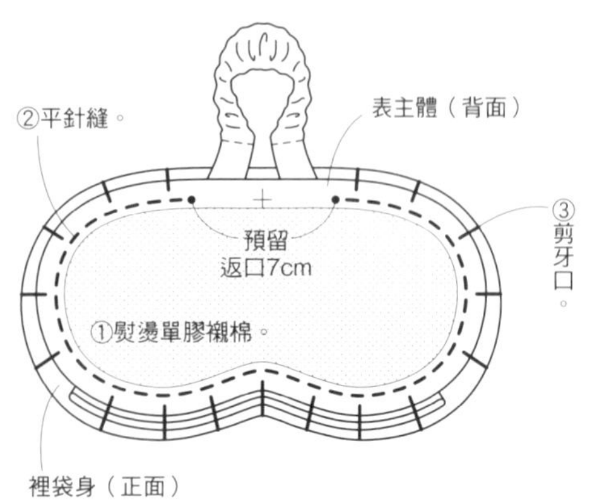


## 4 翻至正面，以藏針縫縫合返口。

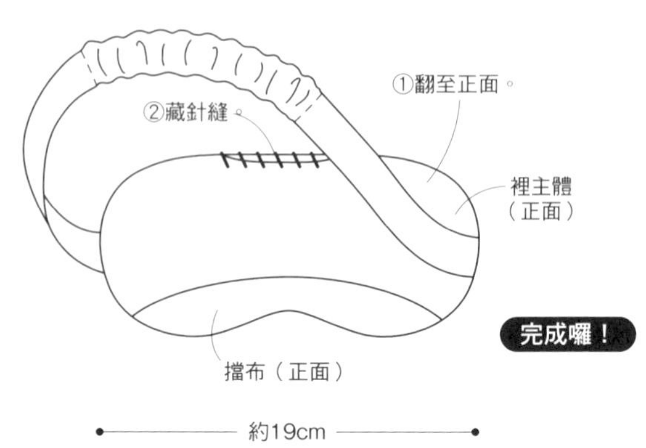




◆紙型＆裁布圖皆不含縫份，請外加縫份1cm後ˋ再進行裁剪。（單膠襯棉不須外加縫份）

## 原寸紙型

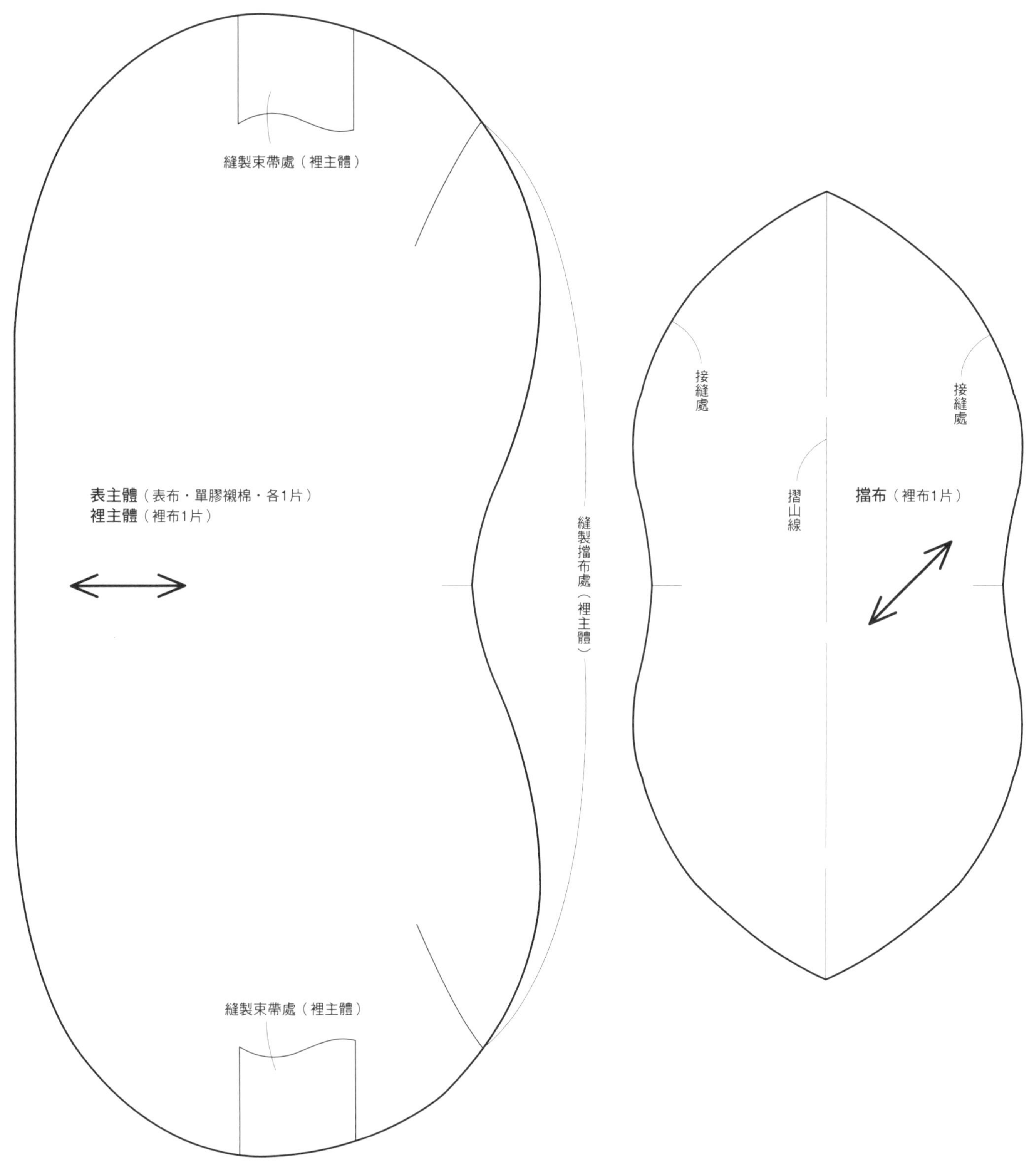


◆紙型裁布圖皆不含縫份，請外加縫份1cm後再進行裁剪。（單膠襯棉不須外加縫份）

P.22 NO.40

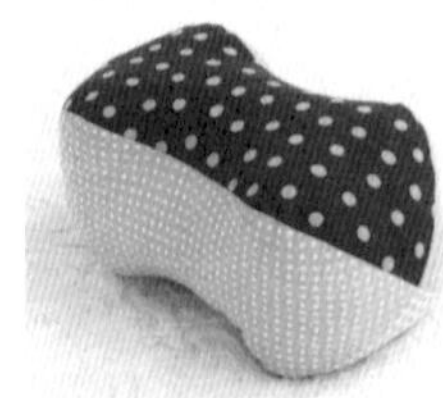

■ 材料

A布（小水玉棉布）30×30cm
B布（格紋棉布）30×30cm
C布（素色麻布）30×30cm
D布（大水玉棉布）30×30cm
棉花　約250g

## 原寸紙型

主體
（A至D布・各1片）
棉花塞入口
（預留一個開口）
摺雙


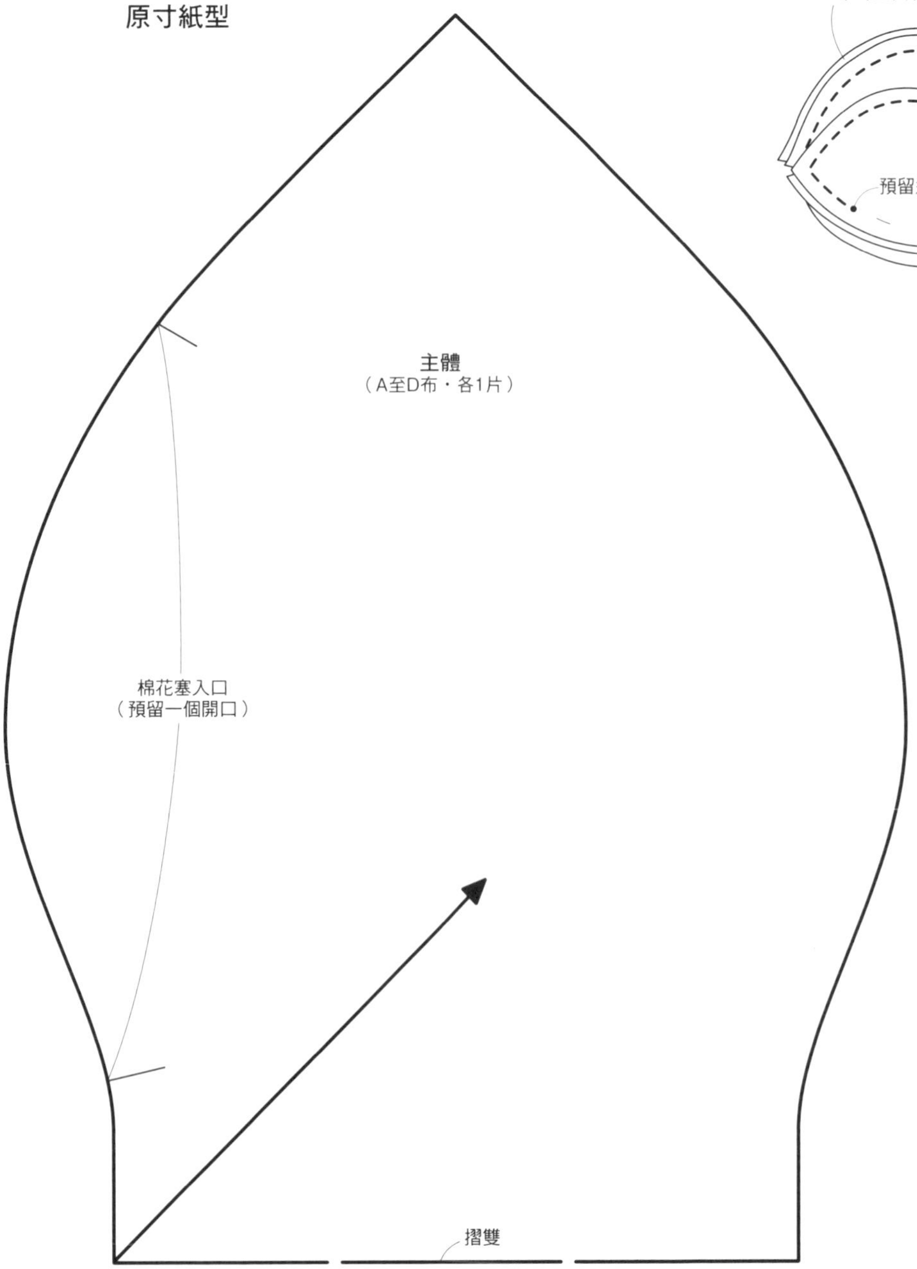

裁布圖

## 1 縫製A布至D布，進行主體製作。

A布（正面）
②剪牙口。
①以平針縫縫合
記號點至記號點。
B布（背面）


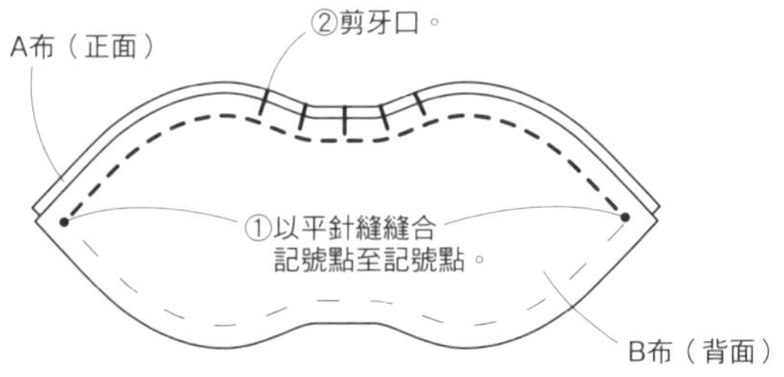

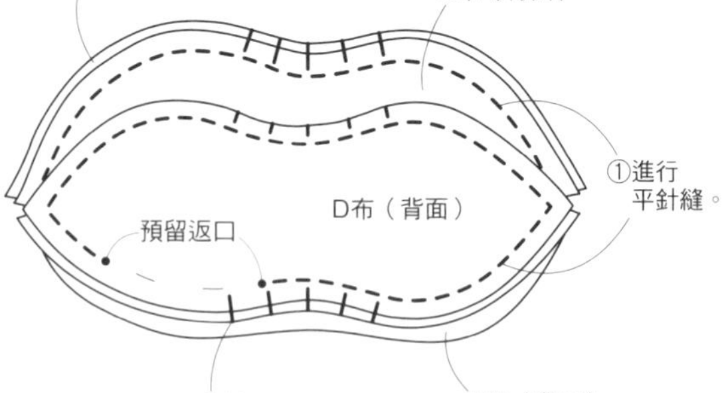

B布（正面）
C布（背面）
①進行
平針縫。
D布（背面）
預留返口
②剪牙口。
A布（背面）


## 2 塞入棉花，縫合。

①翻至正面。
②翻至正面。
A布
（正面）
D布（正面）


藏針縫
約27cm


完成囉！

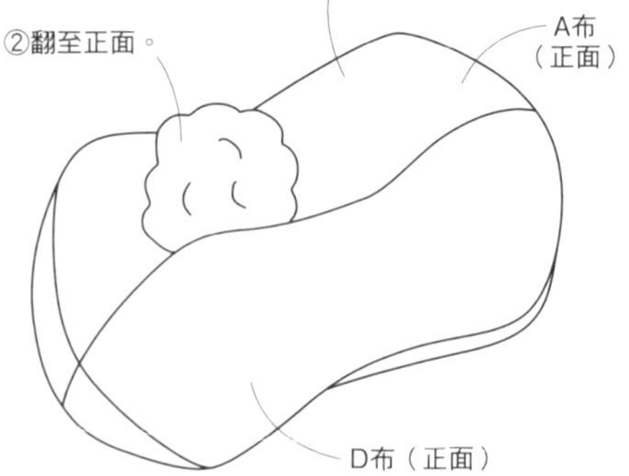

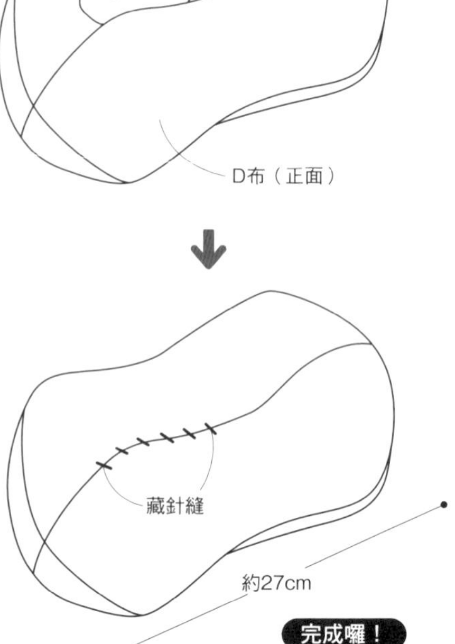

◆紙型不含縫份，請外加縫份1cm後再進行裁剪。

■ 材料

A布（素色棉麻布）10×40cm
B布（條紋棉布）40×10cm
圓繩 直徑0.3cm 120cm
MOCO繡線 芥末黃

## 製作方法

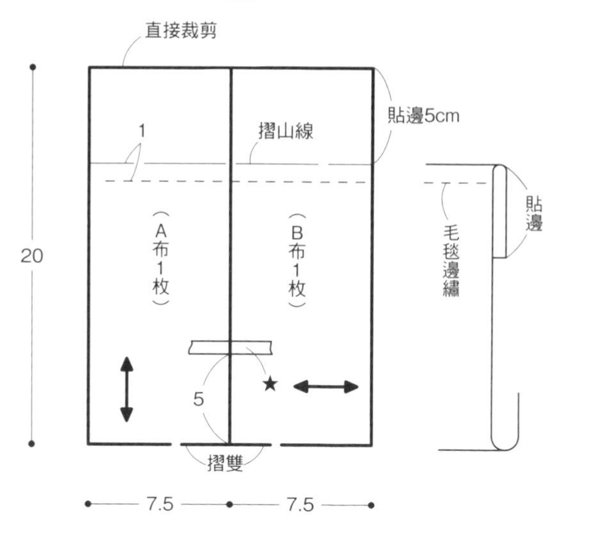


圓繩長度＝120cm
★＝圓繩縫製處（僅前片）

## 裁布圖

### 1 縫製A布＆B布。

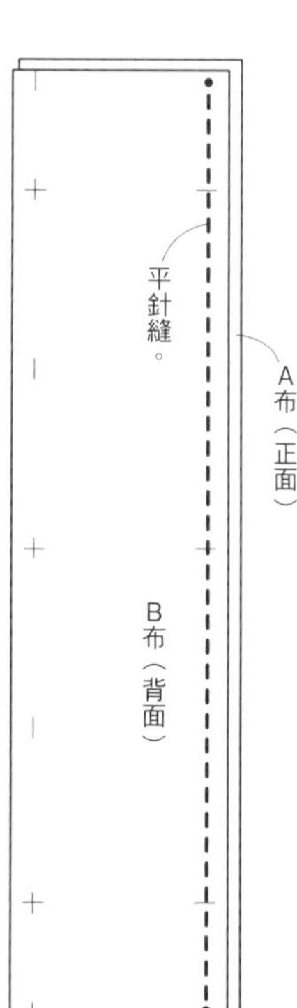


### 2 縫製側邊。

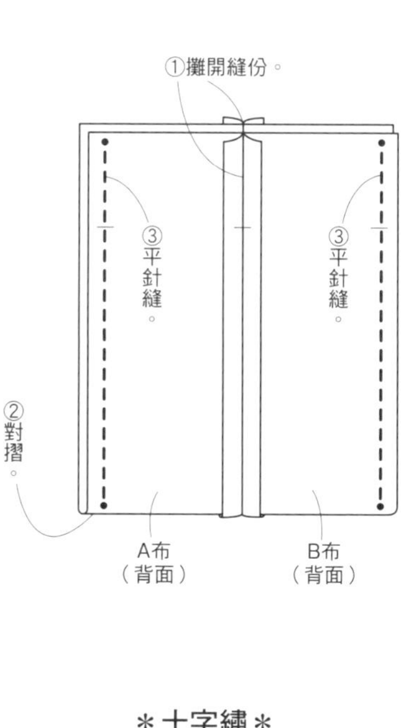


### ＊十字繡＊

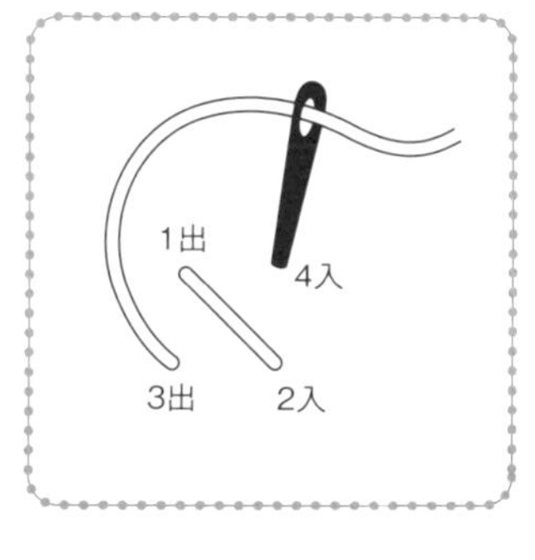


### 3 將貼邊摺入，於入口處壓縫一道裝飾線。

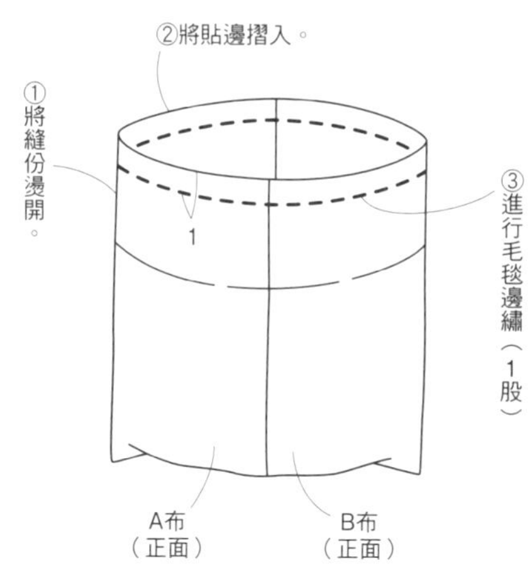


### 4 縫製圓繩。

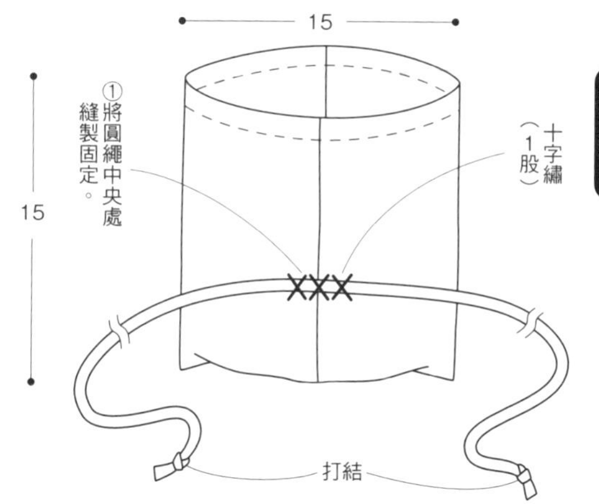


完成囉！

◆裁布圖不含縫份，除了貼邊之外，請外加縫份1cm後再進行裁剪。

P.23 NO.42

■ 材料

表布（水玉不織布）90×40cm

裡布（素面不織布）110×40cm

單膠襯棉　90×35cm

◆原寸紙型・裁布圖／P.68

**製作方法** ◆開始製作之前◆先於表鞋面＆表鞋底熨燙單膠襯棉。

## 1 縫製前中心，裡鞋面需剪牙口。

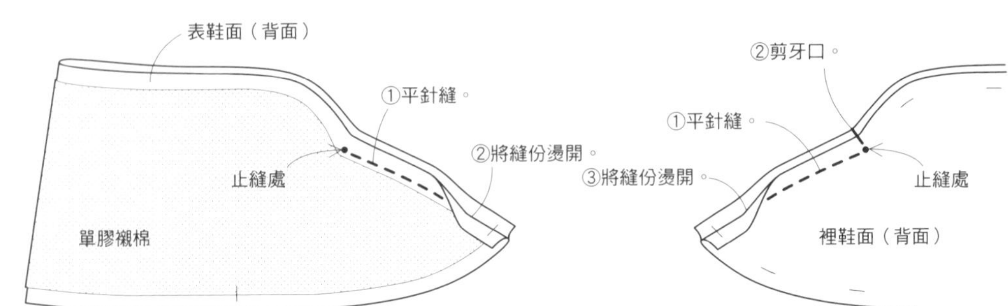


## 2 組裝鞋面與鞋底。

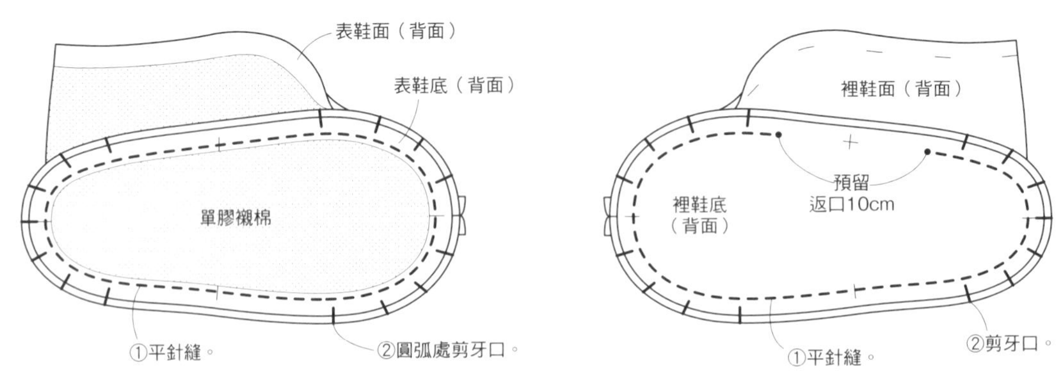


## 3 縫製表主體＆裡主體。

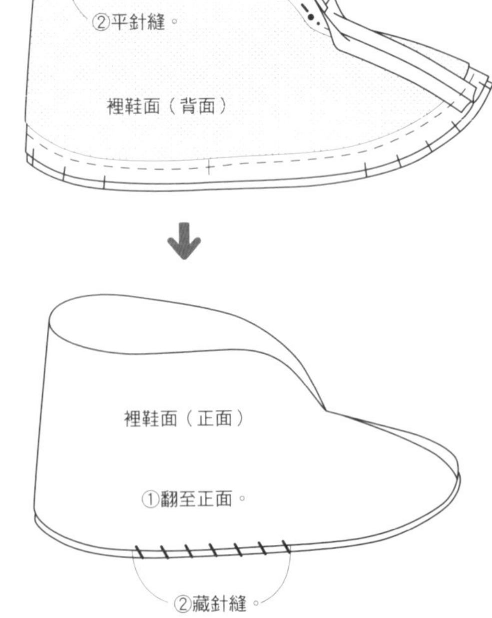


## 4 製作蝴蝶結並固定。

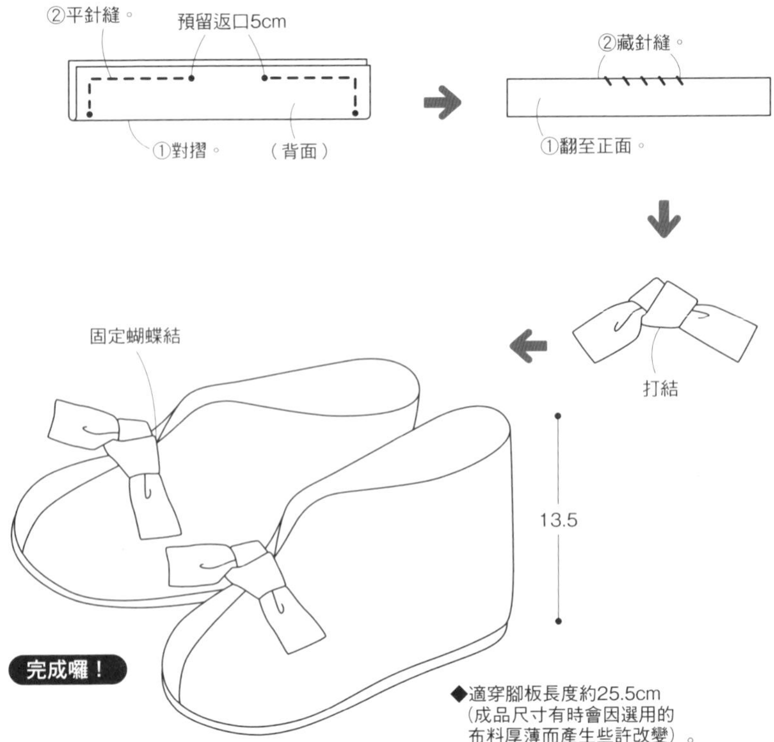


◆適穿腳板長度約25.5cm
（成品尺寸有時會因選用的布料厚薄而產生些許改變）。

## 原寸紙型

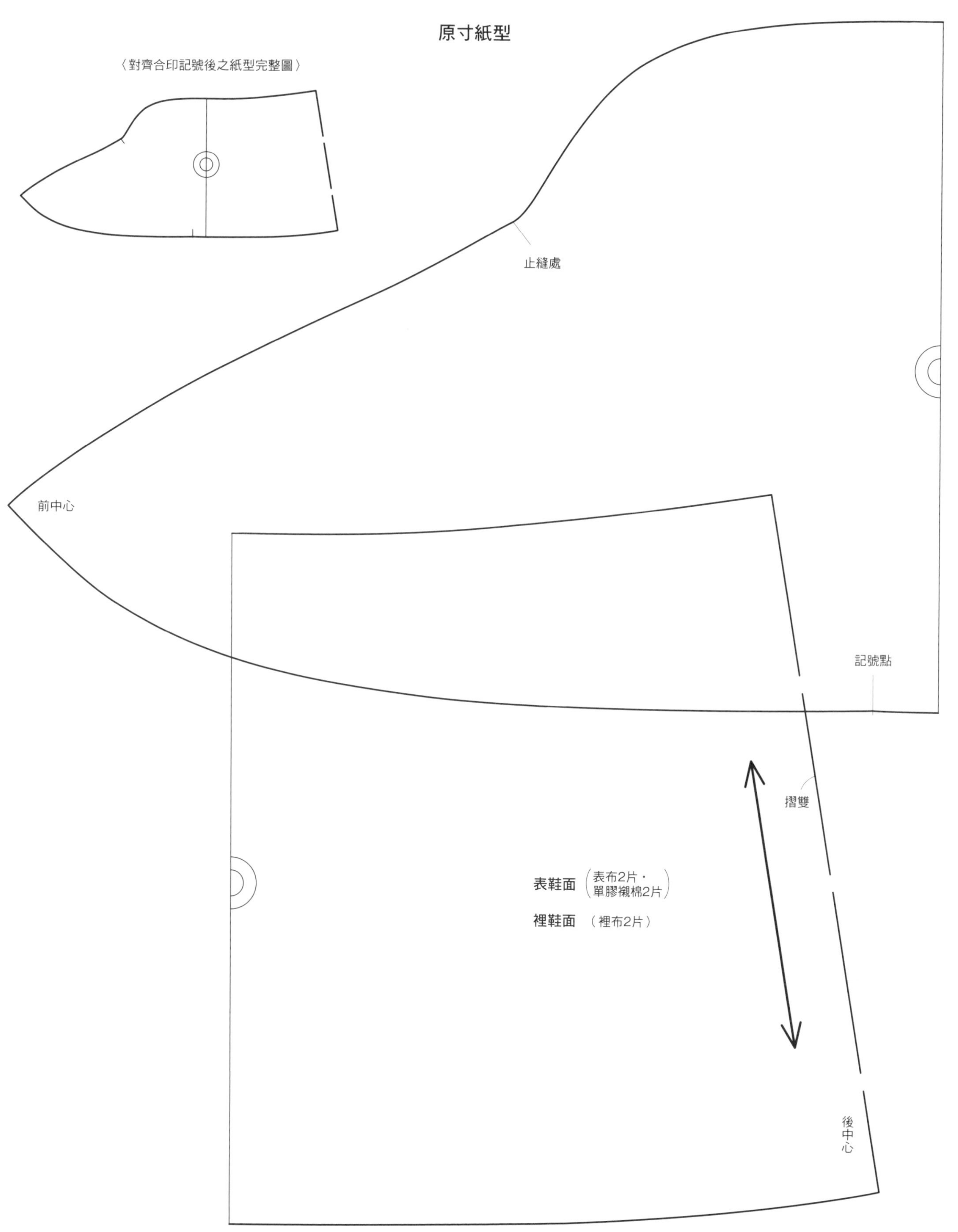


◆紙型＆裁布圖皆不含縫份。請外加縫份1cm後再進行裁剪。（單膠襯棉不須外加縫份）

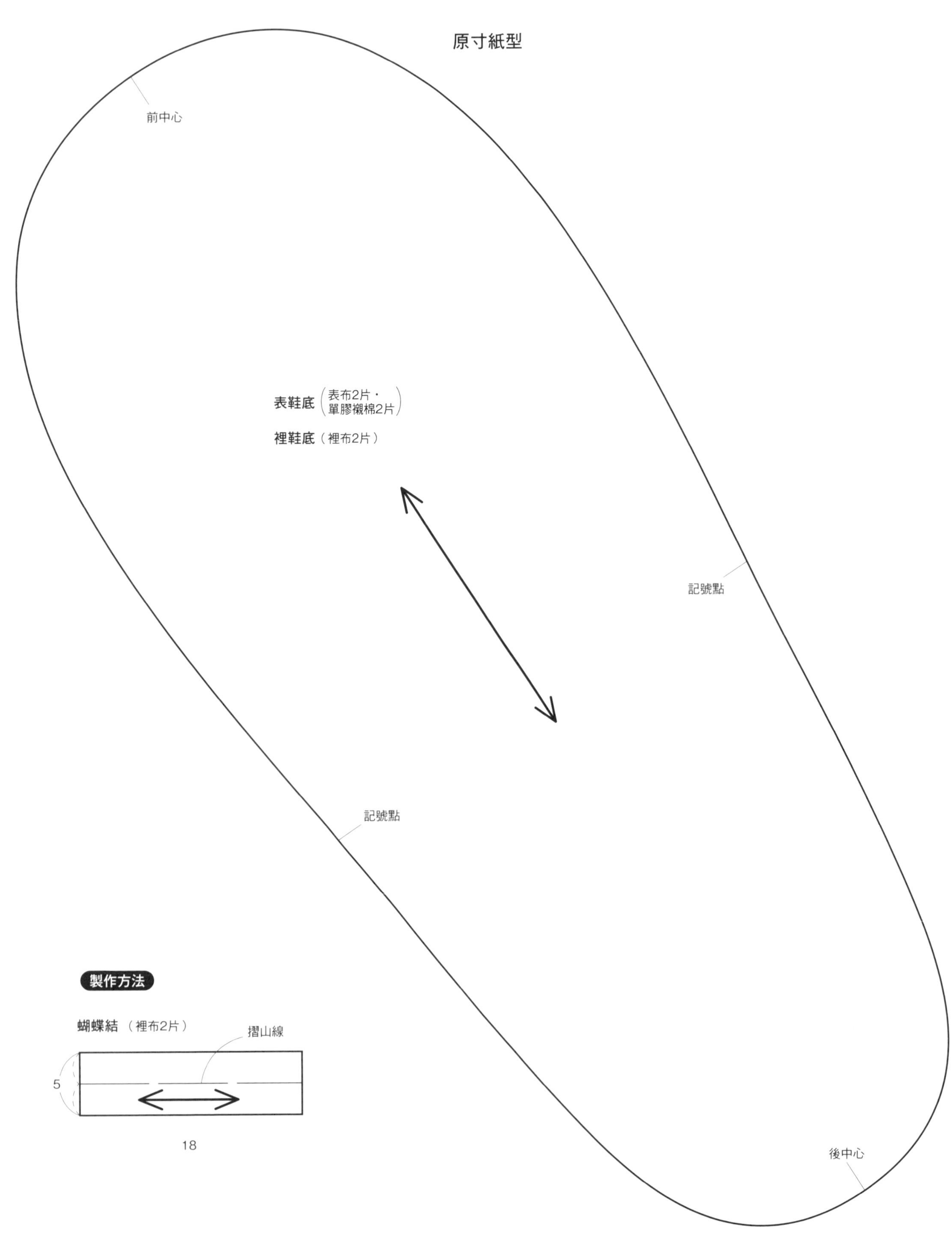


◆紙型裁布圖皆不含縫份。請外加縫份1cm後再進行裁剪。（單膠襯棉不須外加縫份）

■ 材料

A布（細條紋棉布）20×45cm
B布（水玉棉布）10×45cm
C布（卡其色×印花棉布）10×45cm
D布（綠色系印花棉布）10×45cm
E布（素色棉布）20×35cm

原寸紙型

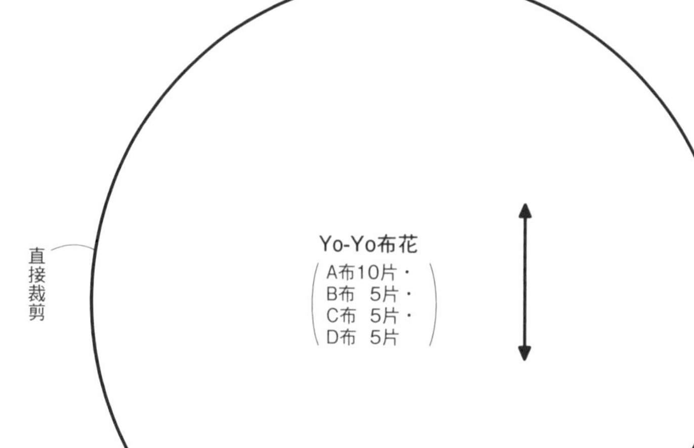


製作方法

1 製作25枚Yo-Yo布花。

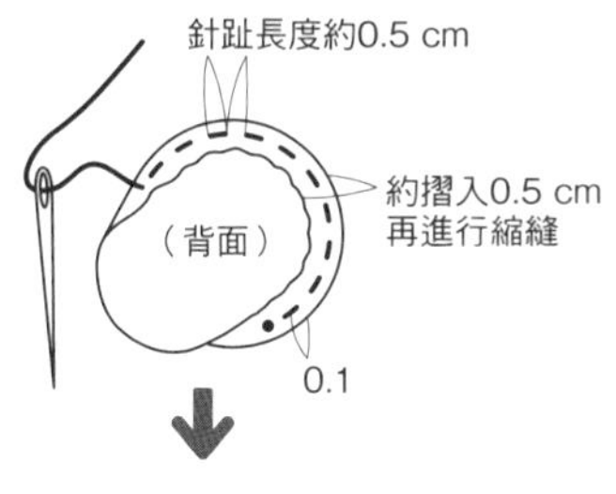


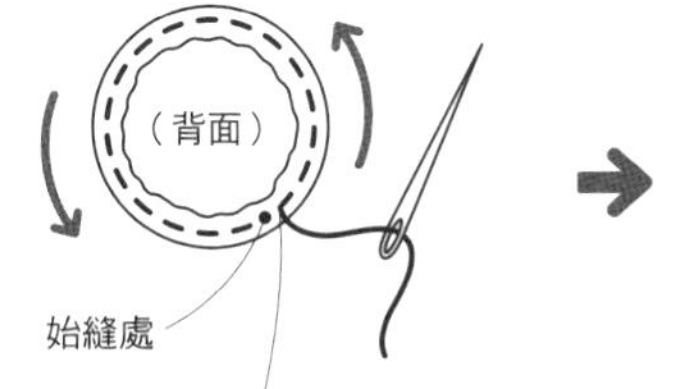


裁布圖

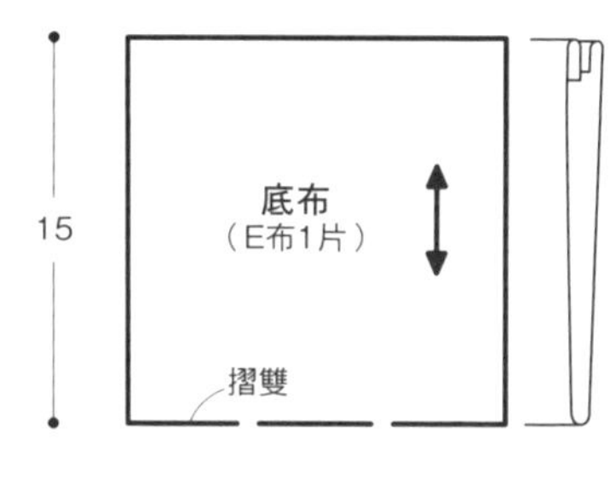


2 製作底布。

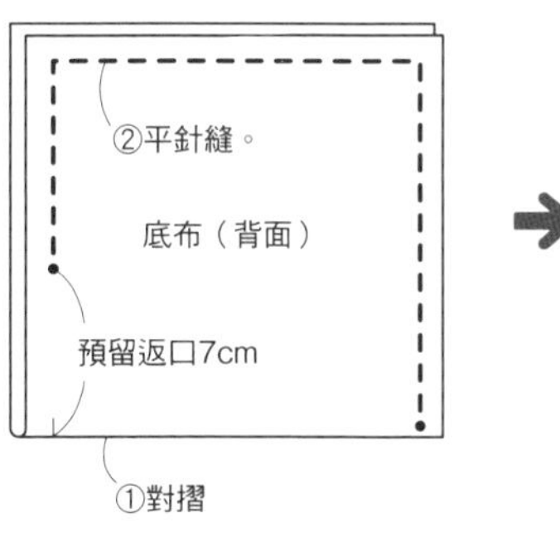


3 依個人喜好
排列Yo-Yo布花。

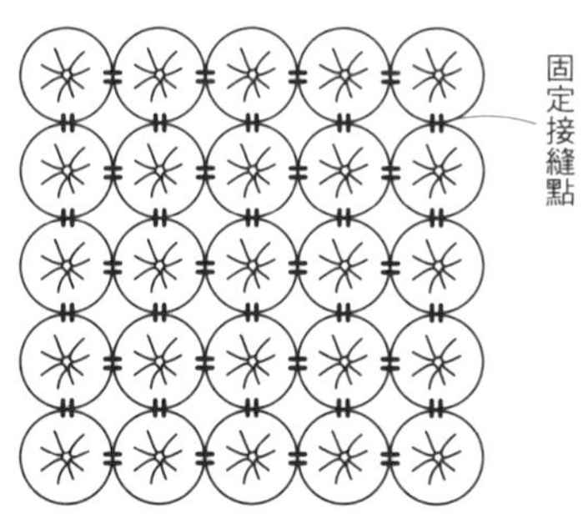


4 接縫底布。

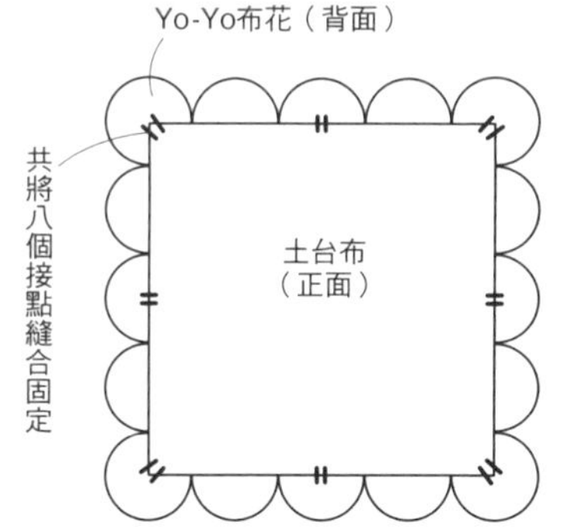


完成囉！

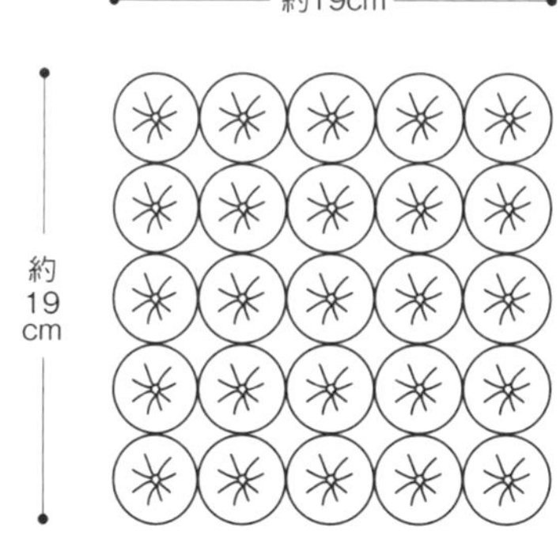


◆裁布圖不含縫份，底布請外加縫份1cm後再進行裁剪。

■ No.44材料
A布（素色麻布）20×20cm
B布（水玉棉布）10×10cm
C布（印花棉布）20×20cm
單膠襯棉 20×20cm
MOCO繡線 深茶色
◆原寸紙型／P.71

■ No.45材料
A布（素色麻布）15×40cm
B布（水玉棉布）15×40cm
C布（印花棉布）10×10cm
單膠襯棉 20×20cm
MOCO繡線 深茶色
◆原寸紙型／P.71

**裁布圖**

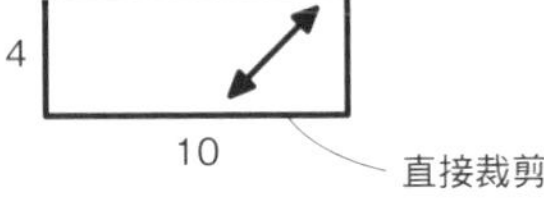


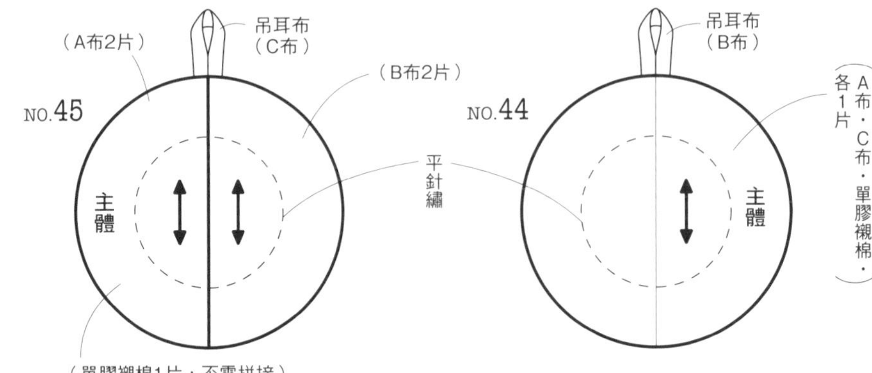


**製作方法**

**1 製作吊耳布。**

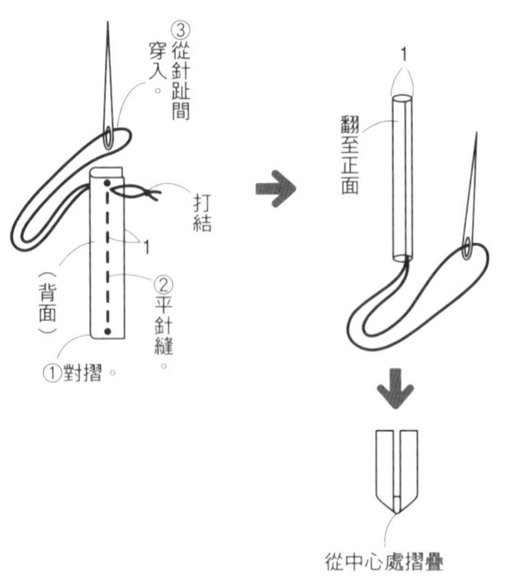


**2 縫製剪接線。**（僅No.45）

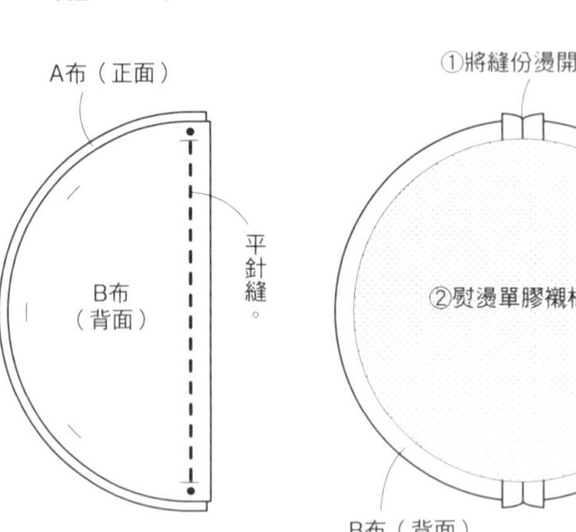


**3 熨燙單膠襯棉，並縫上吊耳布。**

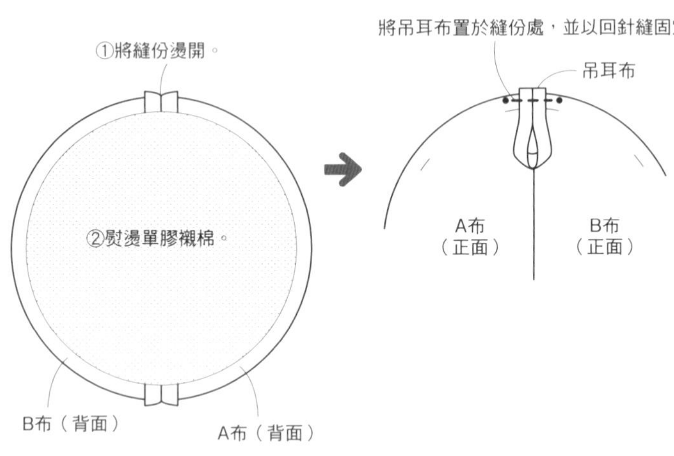


**4 縫合兩片主體。**

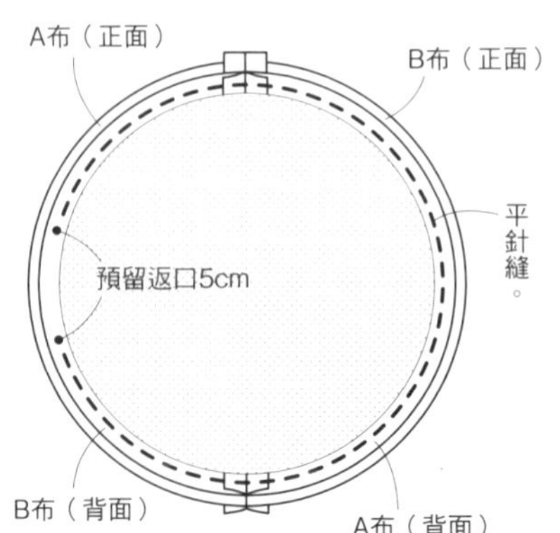


**5 翻至正面，並壓縫裝飾線。**

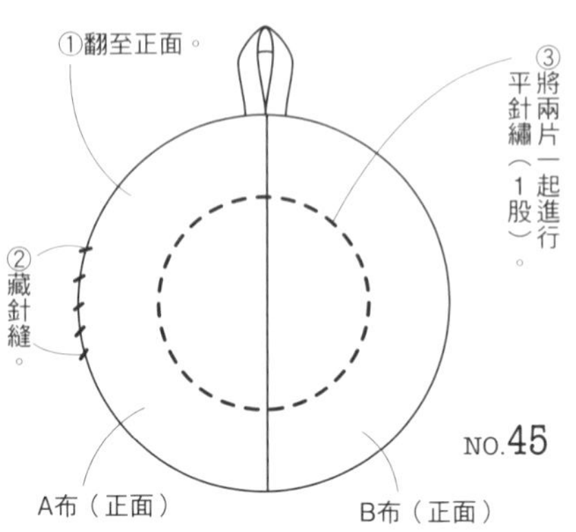


**完成囉！**

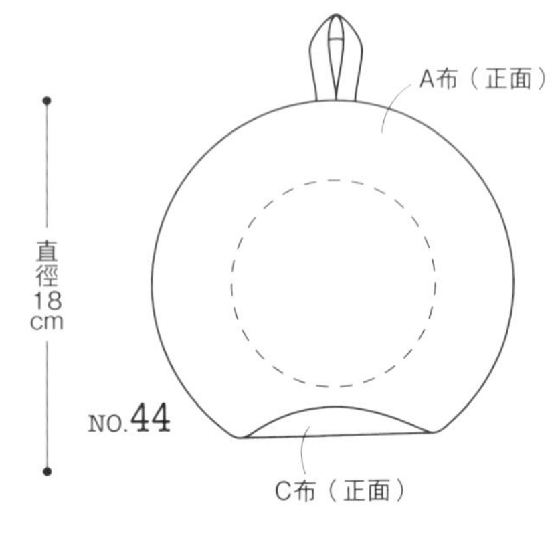


◆紙型不含縫份，除了吊耳布之外，請皆外加縫份1cm後再進行裁剪。（單膠襯棉不須外加縫份）

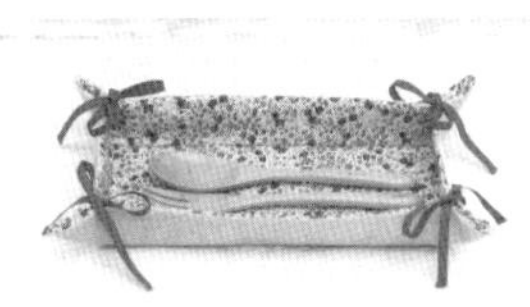

■ 材料

A布（素色麻布）35×20cm

B布（水玉棉布）35×20cm

單膠襯棉　35×20cm

織帶　寬0.6cm　160cm

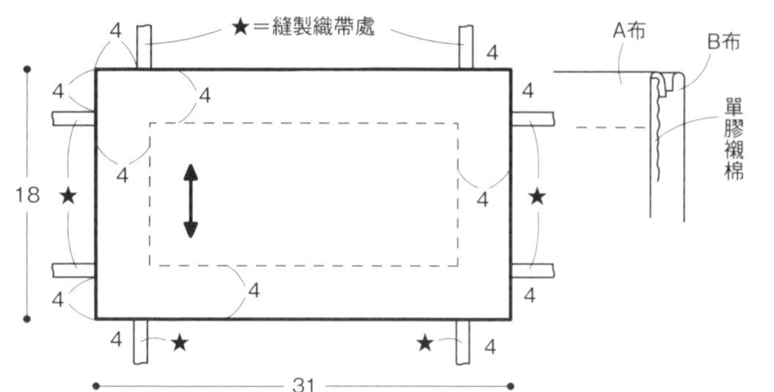


◆裁布圖皆不含縫份。
請外加縫份1cm後再進行裁剪。
（單膠襯棉不須外加縫份）

**製作方法**

## 1 於B布上縫製織帶。

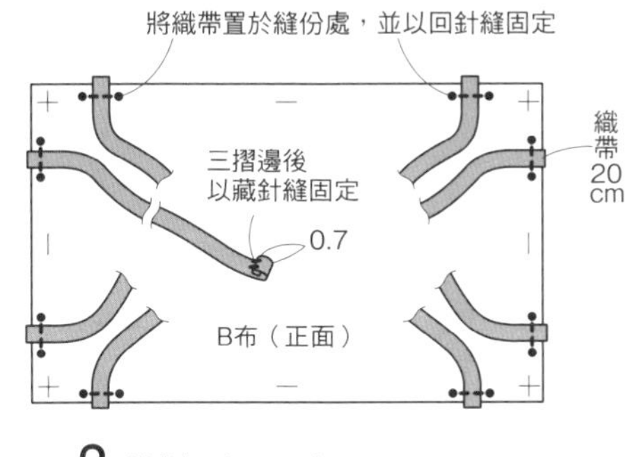


## 2 縫製A布＆B布。

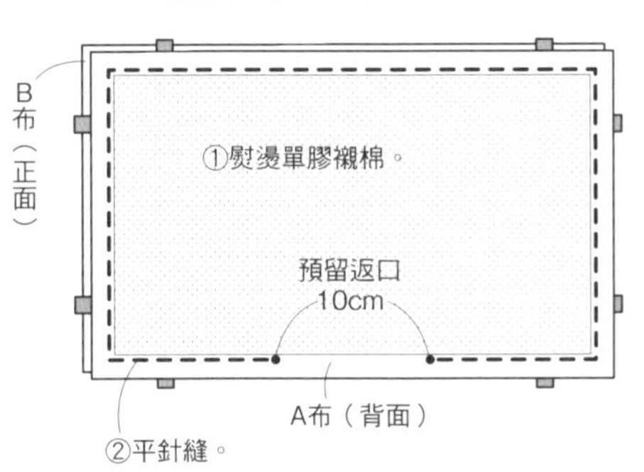


## 3 翻至正面，以藏針縫縫合返口，再縫合內側。

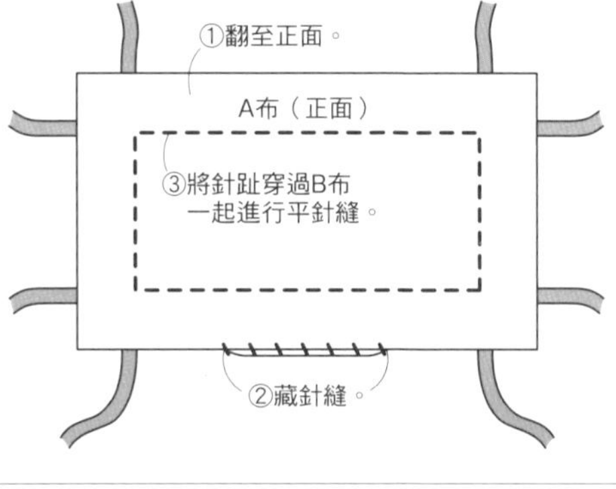


**完成囉！**

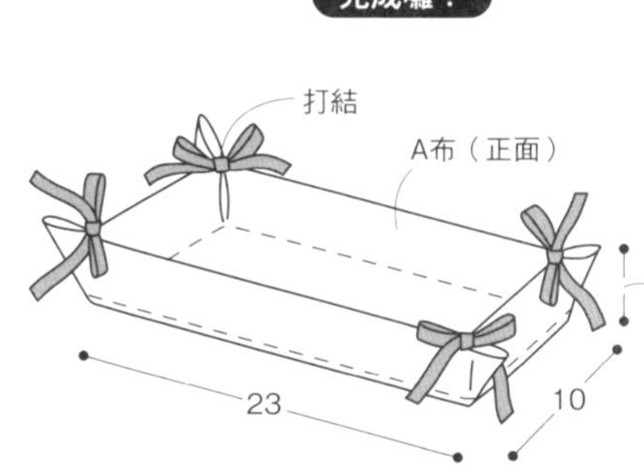


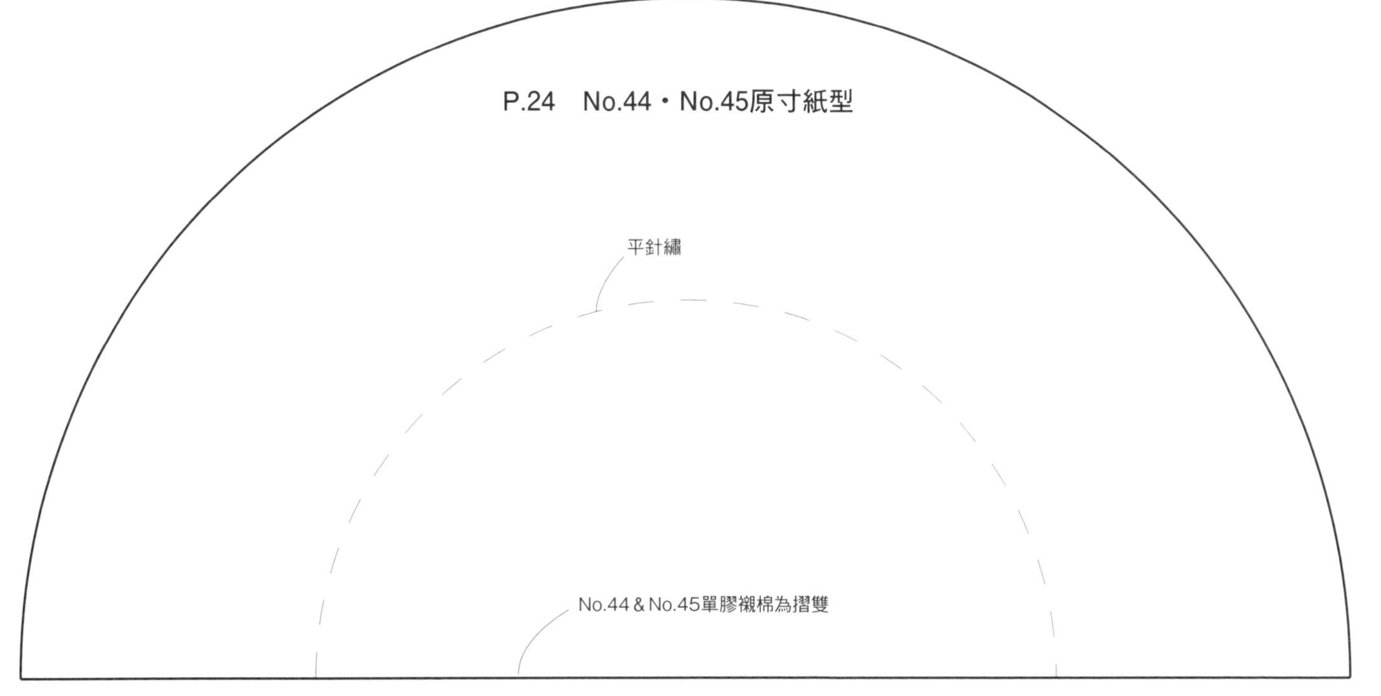

P.25 NO.46

■ 材料

A布（素色棉麻布）30×30cm

B布（印花棉布）40×30cm

裡布（素色棉布）45×30cm

單膠襯棉　45×30cm

◆原寸紙型／P.73

裁布圖

吊耳布（B布1片）

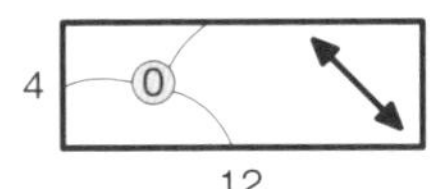


滾邊布（B布1片）

裁布圖

表主體A
（A布・單膠襯棉・各1片）
裡主體A（裡布1片）

0.5
0
1
滾邊
吊耳布縫製處

表側身
（B布・單膠襯棉・各1片）
裡側身（裡布1片）

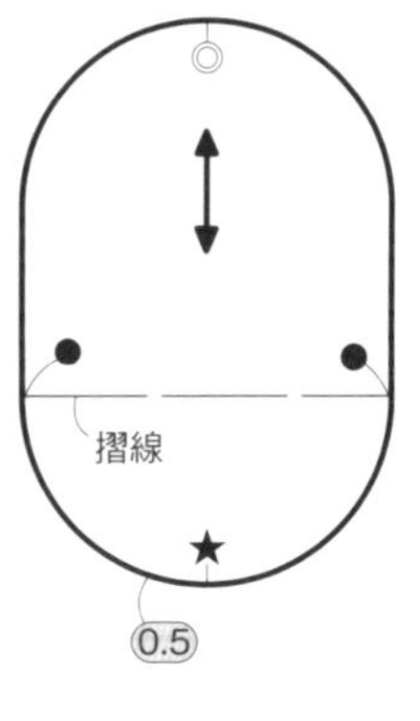


◎●★記號分別為合印記號

表主體B
（A布・單膠襯棉・各1片）
裡主體B
（裡布1片）

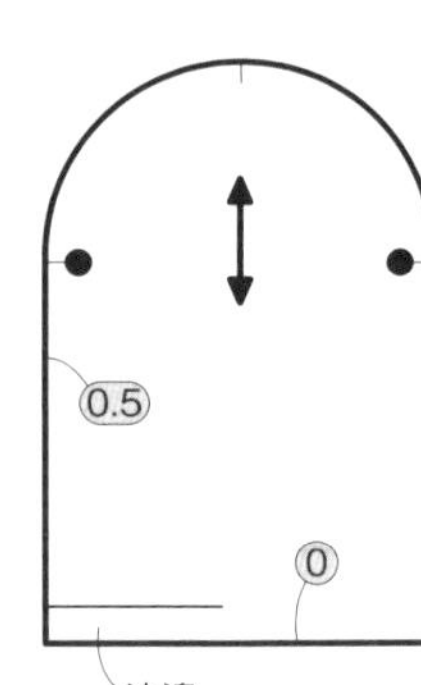


製作方法

◆開始製作之前◆
先於表主體A、表主體B與表側身熨燙單膠襯棉。

## 1 製作吊耳布。

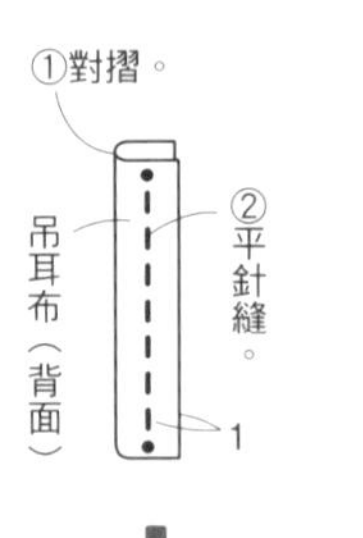


## 2 製作滾邊布。

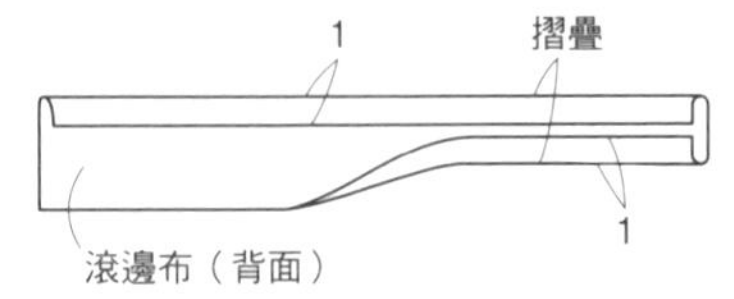


## 3 縫製主體B&側身。
（裡主體作法亦同）

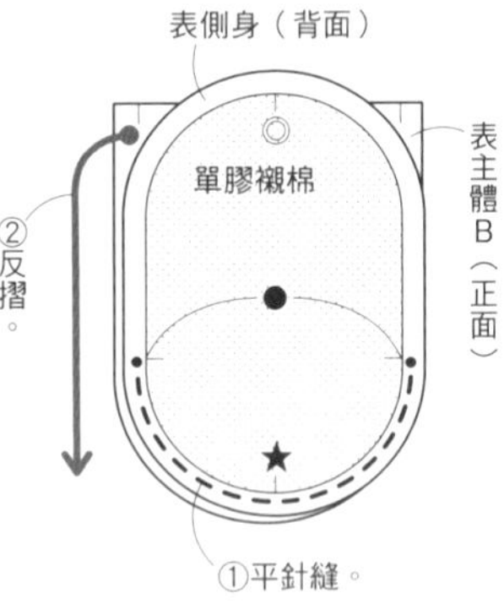


## 4 組裝主體A、主體B與側身。（裡主體作法亦同）

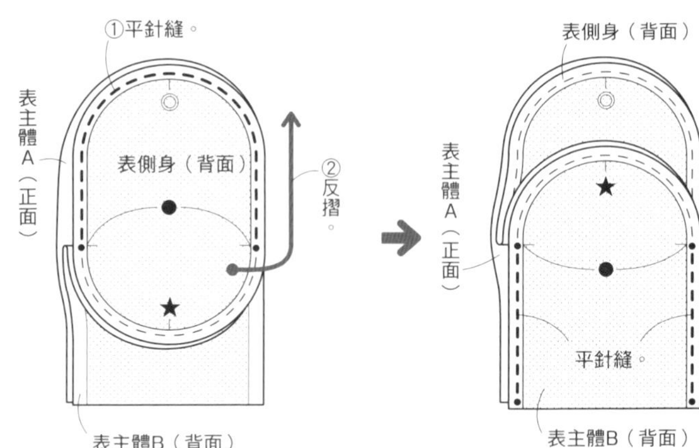


## 5 將表主體&裡主體疊合，並於開口處製作滾布條。

完成囉！

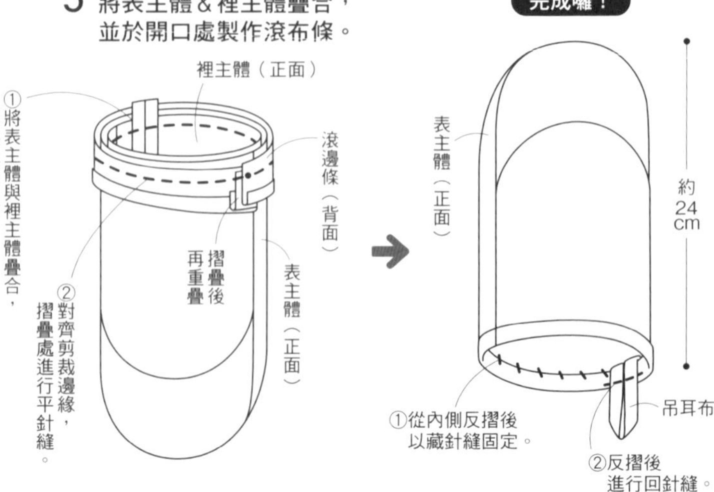


◆紙型&裁布圖皆不含縫份。請外加◯內的指定縫份後再進行裁剪。（單膠襯棉不須外加縫份）

## 原寸紙型

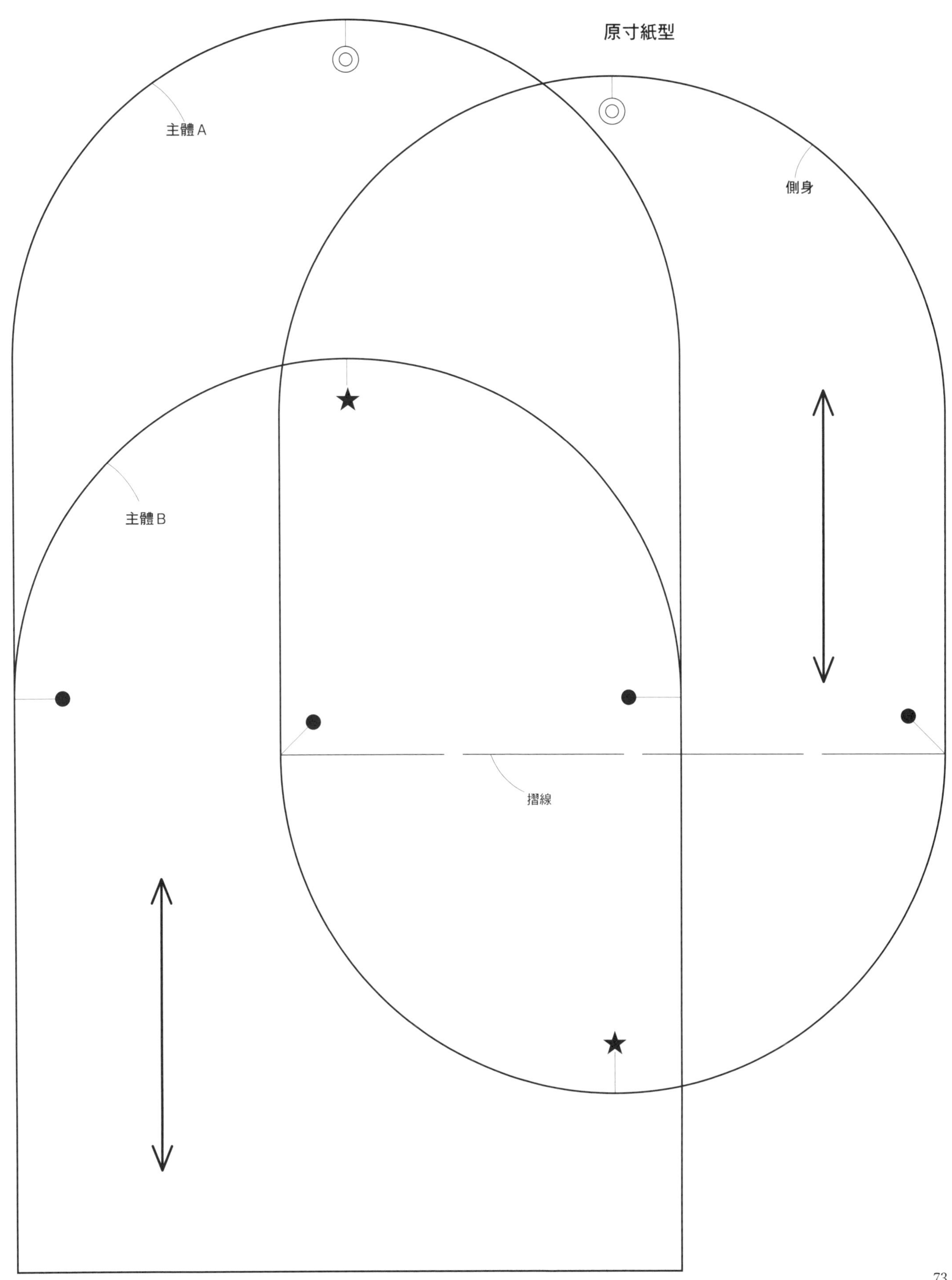

■ 材料

A布（格紋棉麻布）10×30cm
B布（素色棉麻布）10×15m
C布（條紋棉布）20×20cm
D布（水玉棉布）5×5cm
蕾絲
（Hamanaka H-804-015-012・寬1.8cm）50cm
MOCO繡線　深茶色
胸花　1個
棉花　適量

製作方法

**1** 製作花瓣A・B・C。

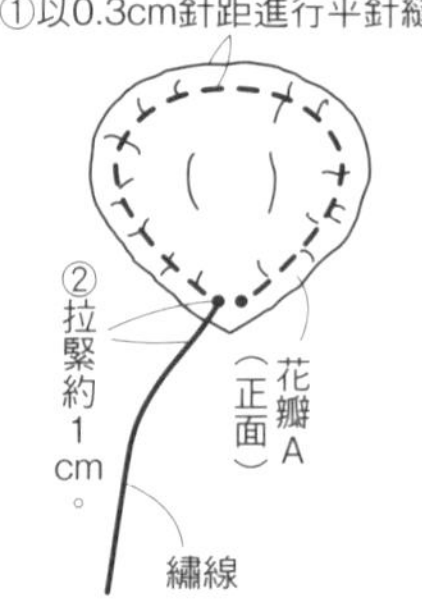


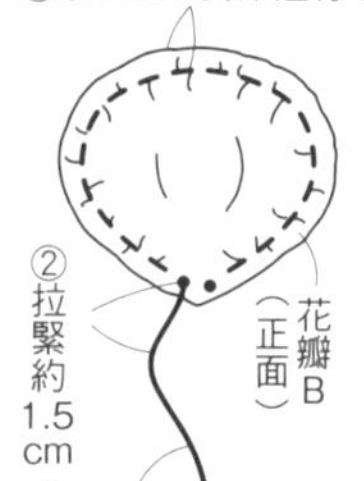


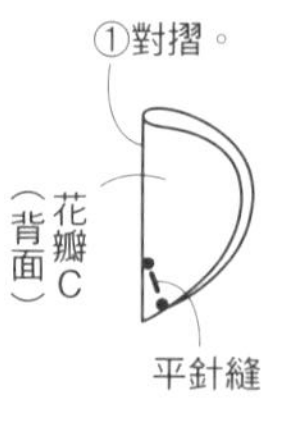

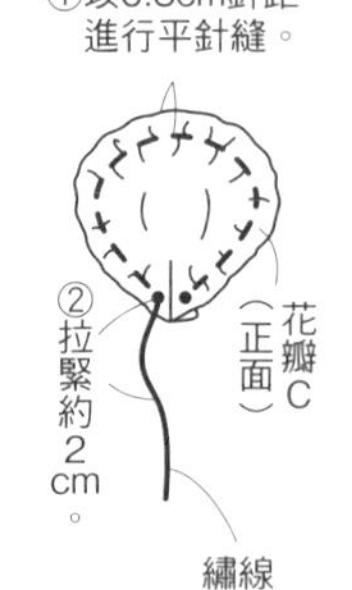


**2** 製作花瓣D。

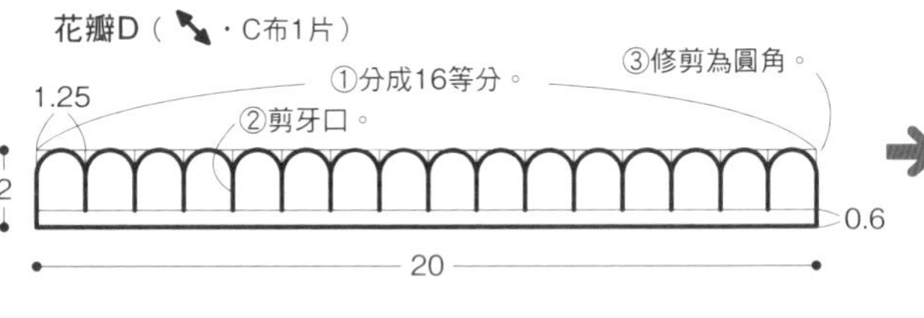


花瓣D（正面）
0.3
以平針縫拉緊縮縫至8cm
將花瓣繞成兩圈後固定

**3** 重疊花瓣縫合固定。
（花瓣B・花瓣C作法亦同）

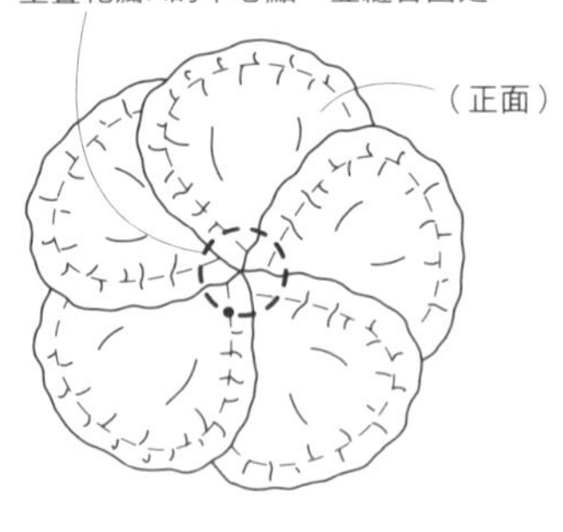


**4** 重疊花瓣A・B・C・D。

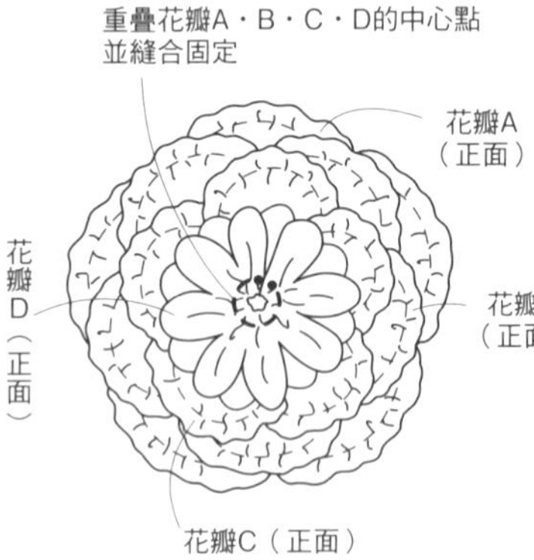


**5** 製作＆縫製花蕊。

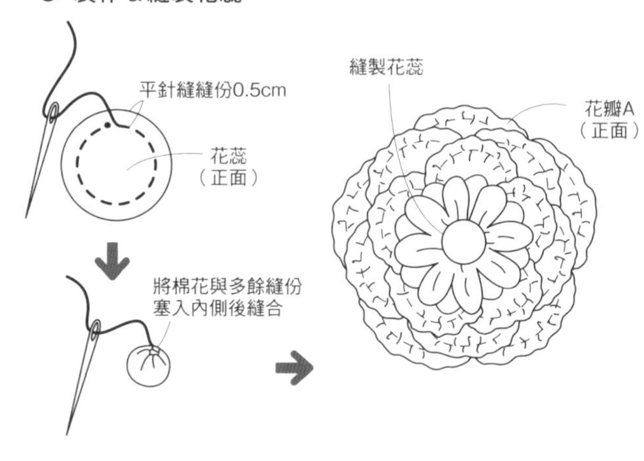


原寸紙型

花瓣A（A布5片）
花瓣B（A布5片）
花瓣C（B布5片）
摺襉（僅花瓣C）
花蕊（D布1片）
擋布（A布1片）

**6** 縫製蕾絲＆擋布，再組裝別針。

將10cm蕾絲對摺
花瓣A（背面）
縫合
12cm蕾絲
8cm蕾絲
斜角裁剪

完成囉！

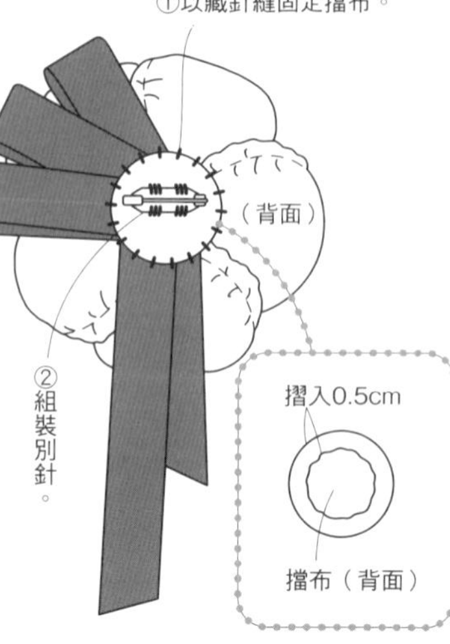


◆不需外加縫份，請直接裁剪即可。

P.27 NO.49

**裁布圖**

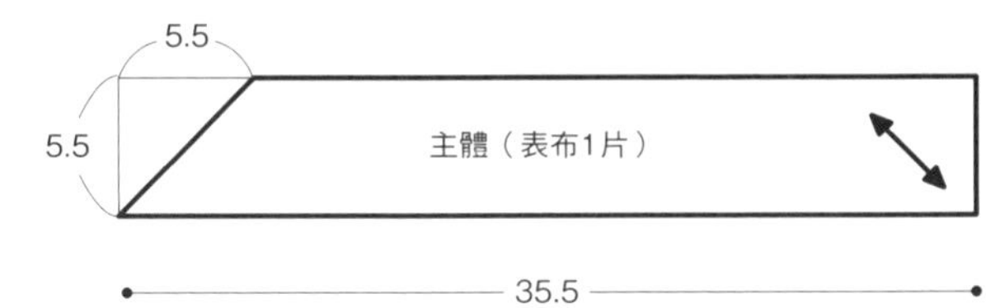


■ 材料

表布（印花棉布）50×45cm
織帶蝴蝶結（Hamanaka H714-009-021・寬0.9cm）110cm
壓克力圓珠　直徑1.4cm　17個

**製作方法**

## 1 將主體連接成一片。

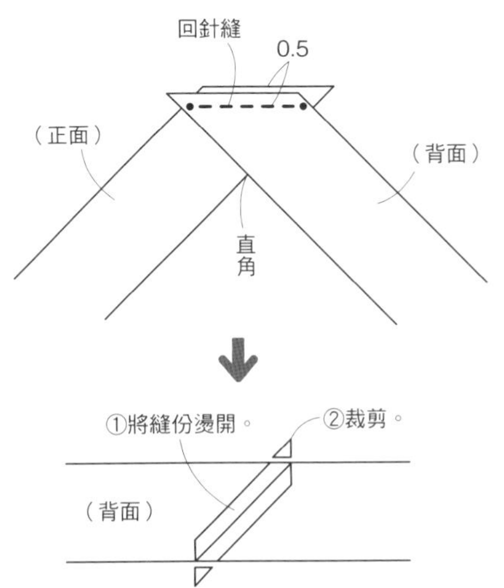


## 2 將布料對摺縫合成圓筒狀。

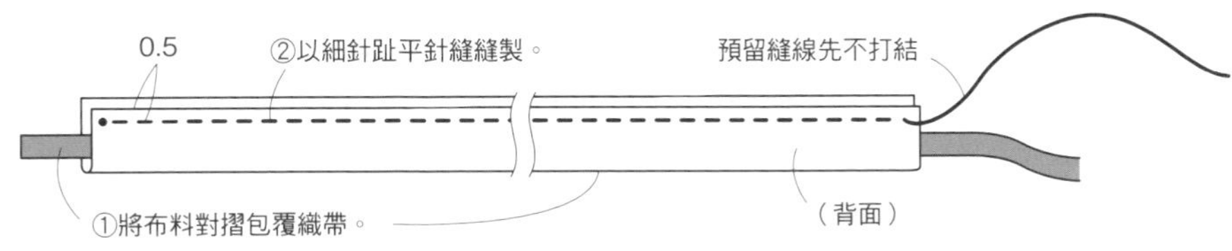


## 3 於單側縫製織帶固定。

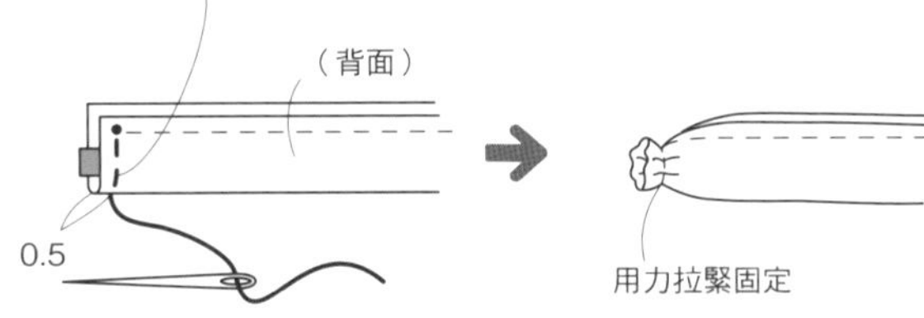


完成囉！



## 4 翻至正面，並修剪多餘織帶。

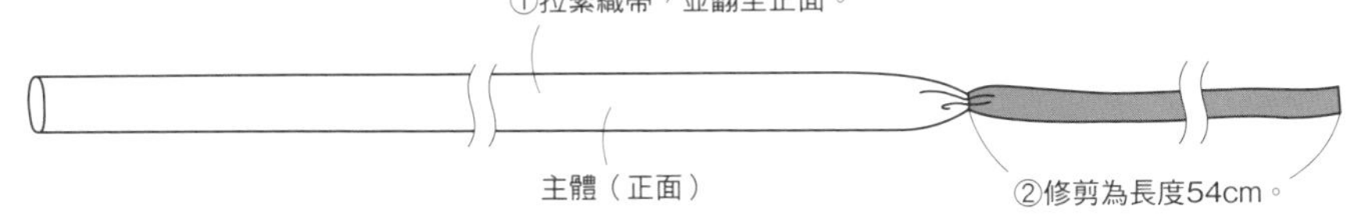


## 5 一邊放入圓珠一邊打結，最後固定另一端織帶。

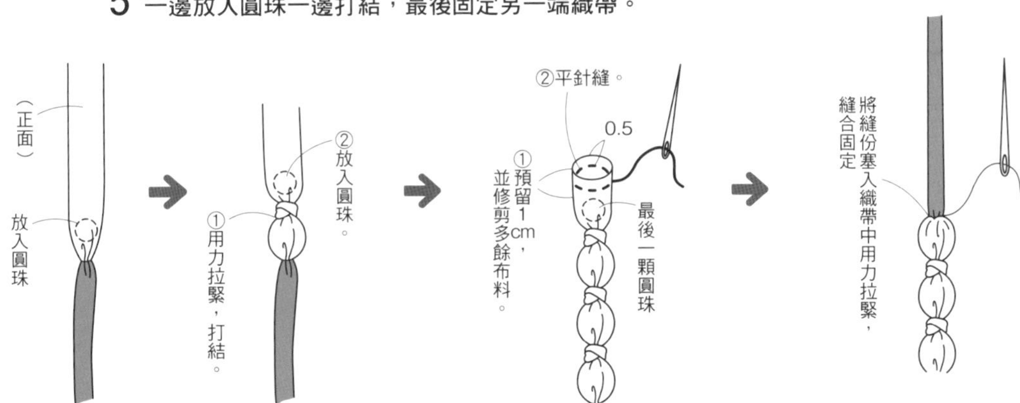


◆不需外加縫份，請直接裁剪即可。

## P.27 NO.50

### 裁布圖

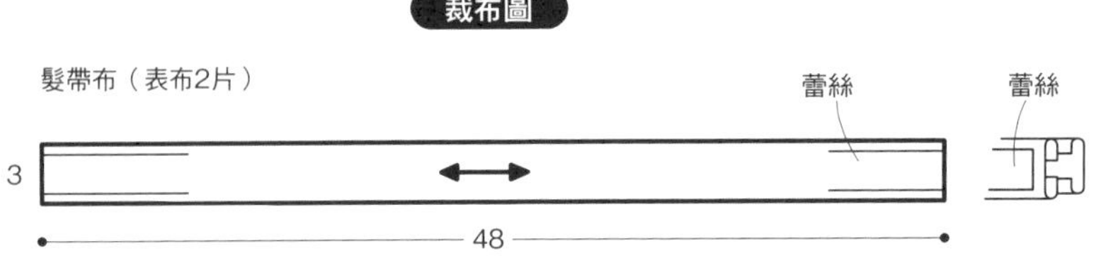


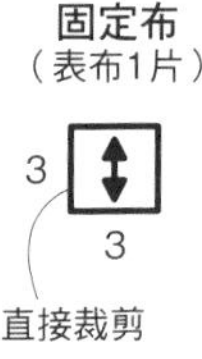


### ■ 材料

表布（素色棉麻布）15×50cm
麻混蕾絲（Hamanaka H804-009-800・寬2.2cm）50cm
鬆緊帶　寬0.3cm　30cm

### 製作方法

**1** 將蕾絲縫至髮帶布上。

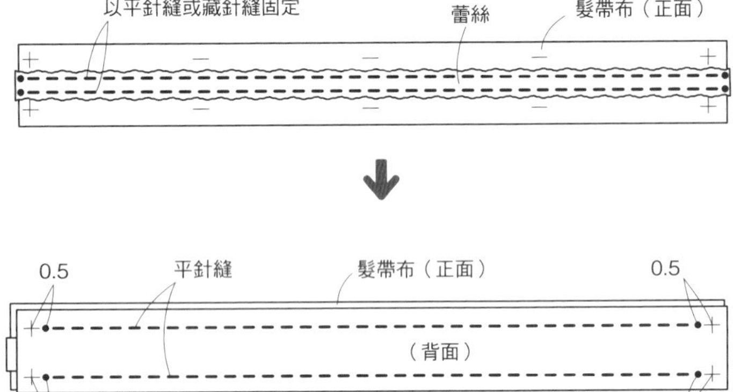


**2** 包覆鬆緊帶兩端，再以藏針縫固定。

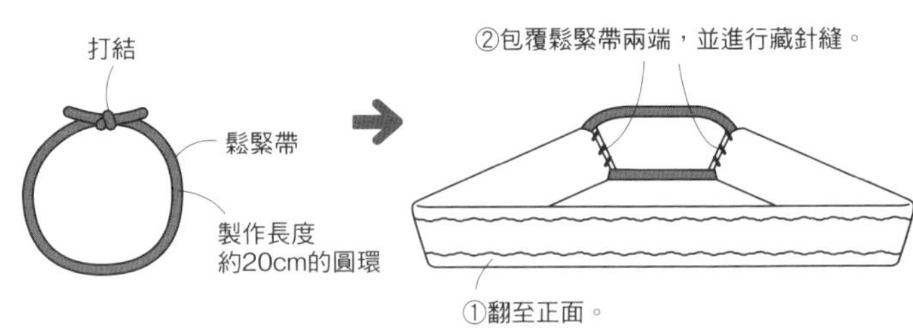

**3** 縫製固定布。

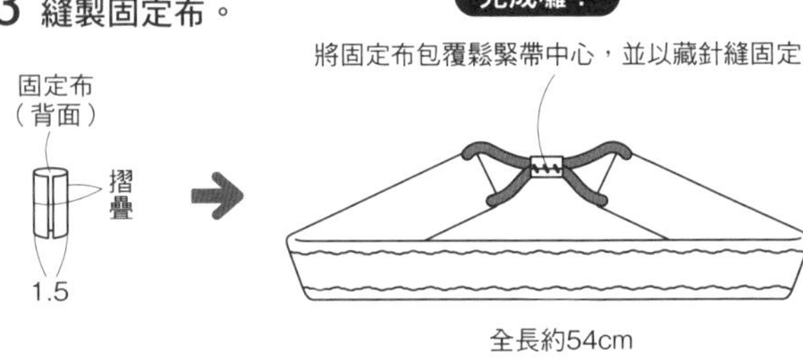


◆裁布圖皆不含縫份。請外加縫份1cm後再進行裁剪。

---

## P.28 NO.51

### ■ 材料

三款印花布棉布　各5×5cm
不織布　10×2cm
包釦（CLOVER・直徑2.8cm）3個
髮夾（長度6cm）1個

### 製作方法

**1** 包釦作法（請見P.77），並縫製不織布。

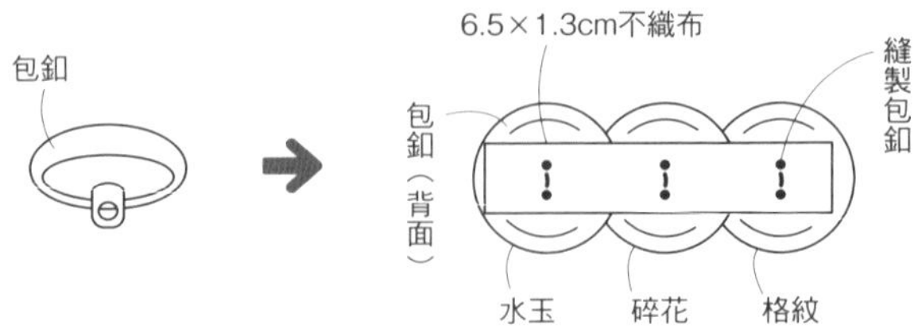


### 原寸紙型

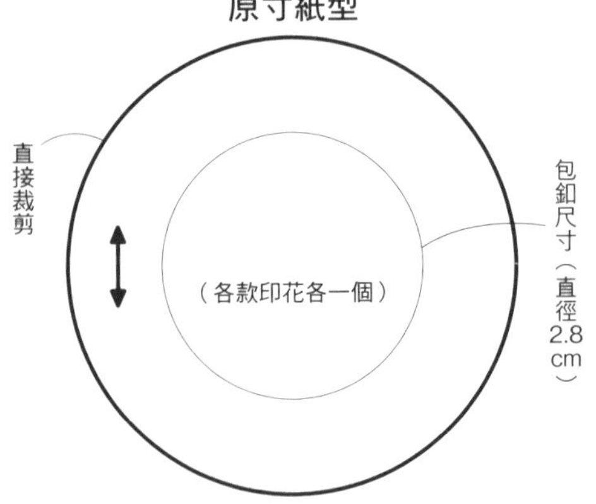


**2** 縫製髮夾。

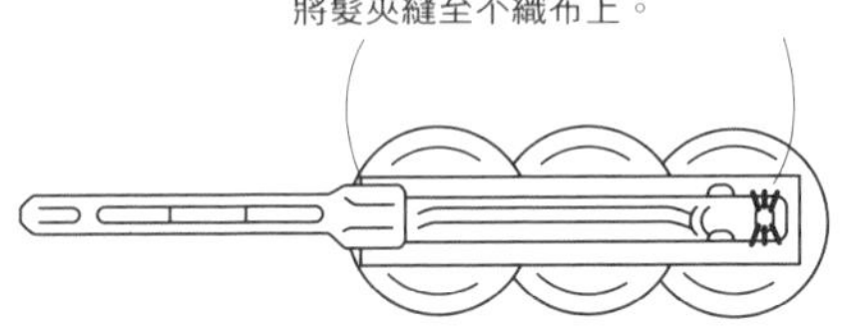


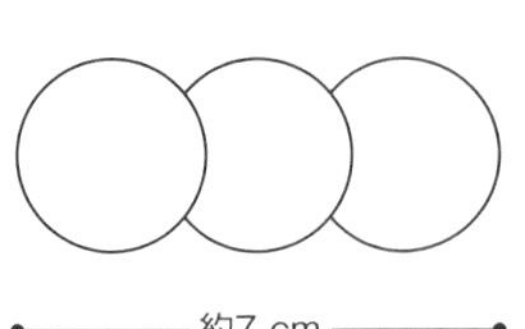

■ **No.52・No.53材料**（單個）

A布（印花棉布）50×5cm
B布（印花棉布）50×5cm
包釦A（CLOVER・直徑2.8cm）1個
 B（CLOVER・直徑2.2cm）1個
髮圈　長16cm　1條

**製作方法**

## 1 將包釦布縫至包釦上。（B製作亦同）

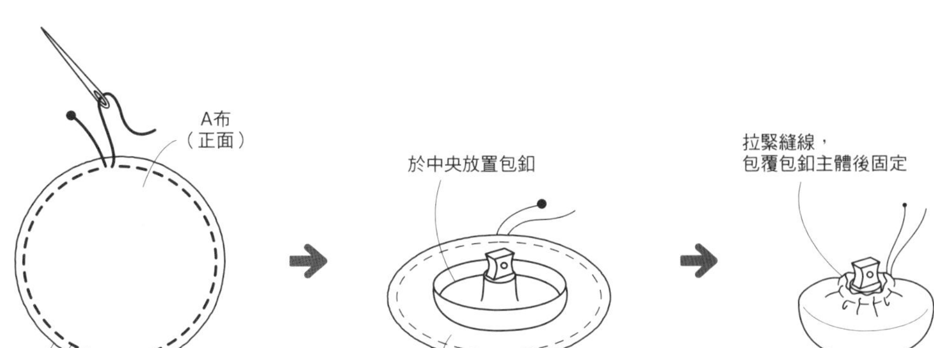


## 2 以擋片將步驟1的包釦固定。

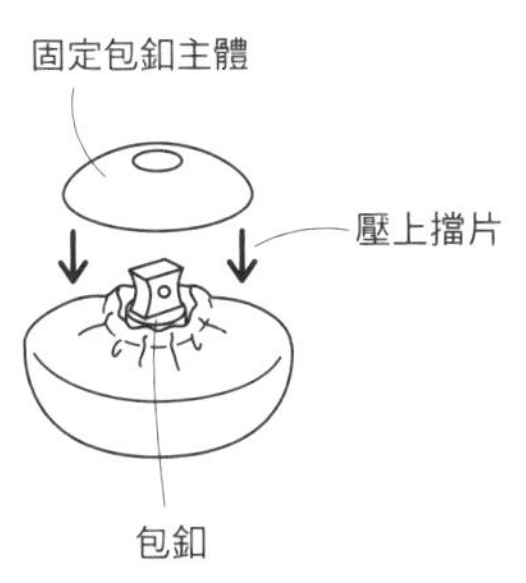


## 3 縫製鬆緊帶髮圈。

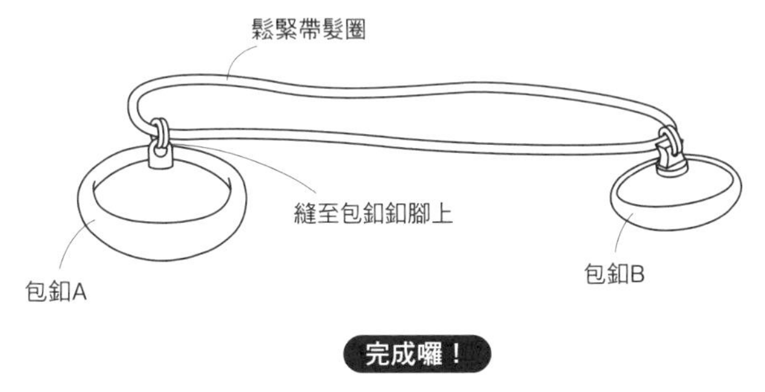


**完成囉！**

## 原寸紙型

**包釦A**（A布1片）

包釦尺寸（直徑2.8cm）

直接裁剪

**包釦B**（B布1片）

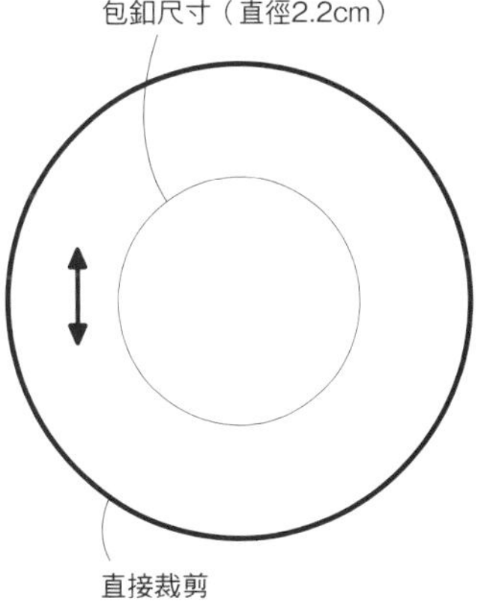


◆不需外加縫份，請直接裁剪即可。

P.29 NO.54・NO.55

■ No.54・No.55材料（單款）
A布（素色棉布）10×10cm
B布（印花棉布）50×10cm
C布（印花棉布）50×10cm
D布（印花棉布）50×10cm
E布（麂皮合成皮革）50×10cm
細繩　寬0.1cm　5cm
眼睛鈕釦　直徑0.35cm　2個
25號繡線　深茶色
棉花　適量
吊飾配件　（龍蝦釦環・長7cm）1個
◆原寸紙型／P.79

製作方法

1 製作耳朵。（兔子作法亦同）

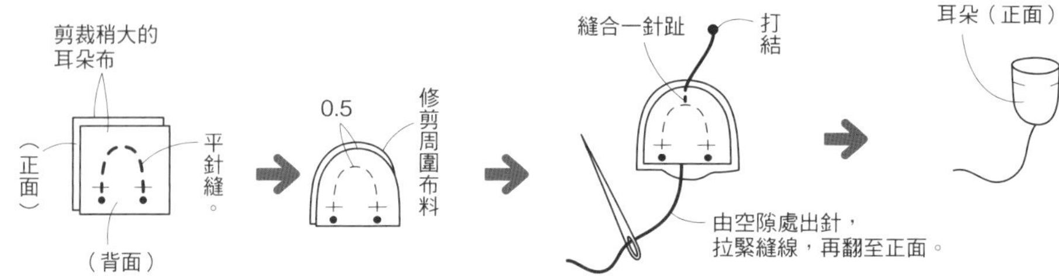


2 縫製身體＆背部。

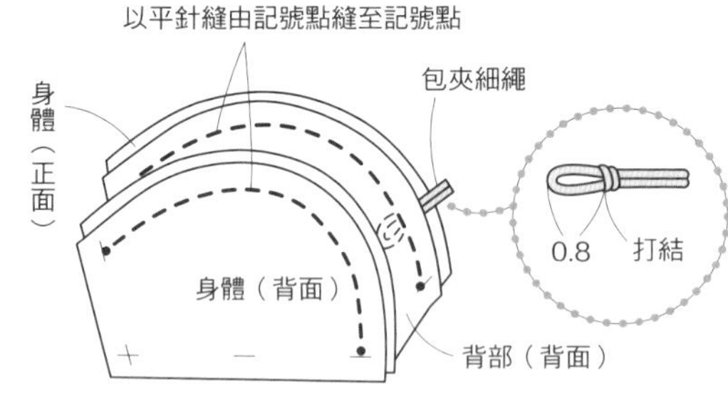


3 縫製頭部。

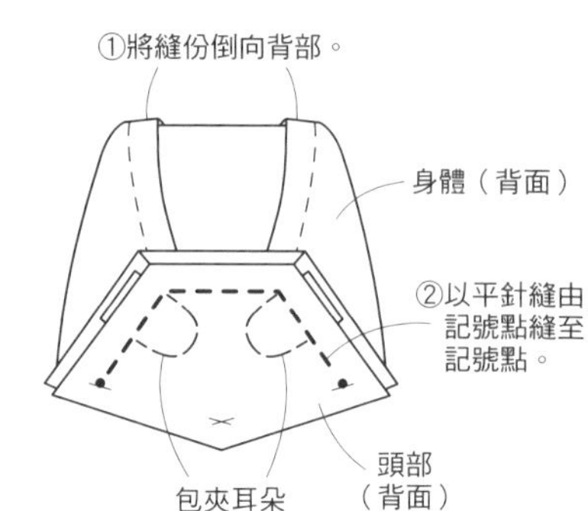


4 縫製腹部。

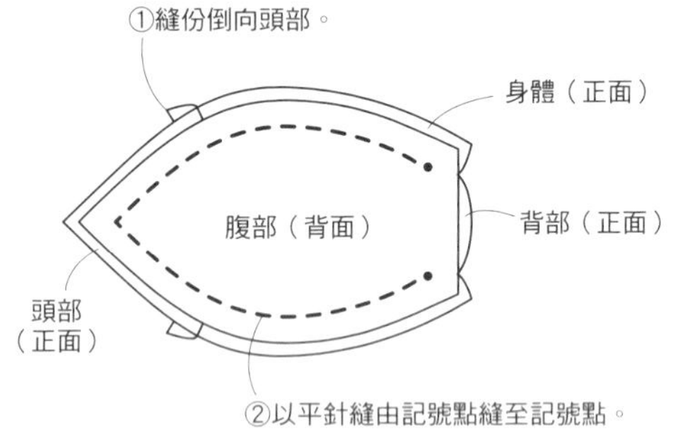


5 製作尾巴。

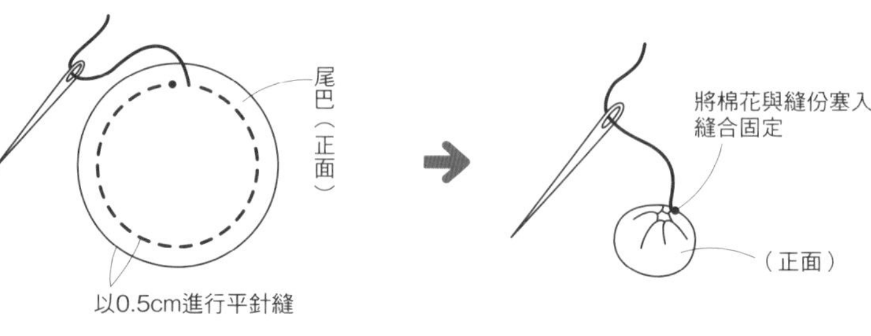


6 塞入棉花，並縫製上尾巴。

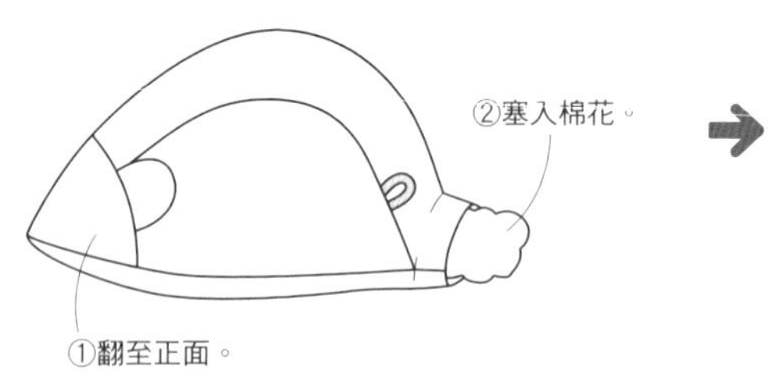


7 製作臉部表情。

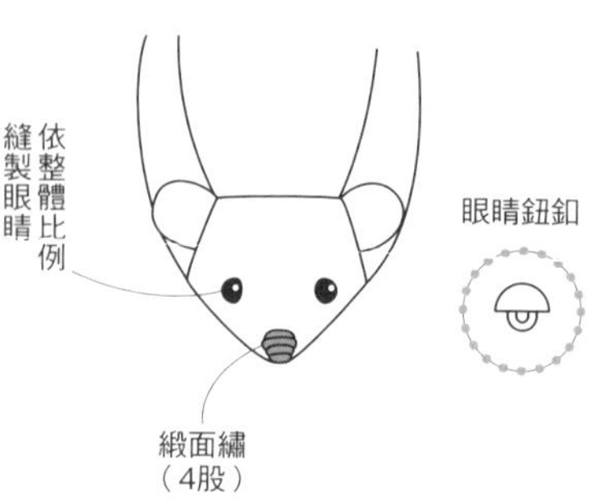


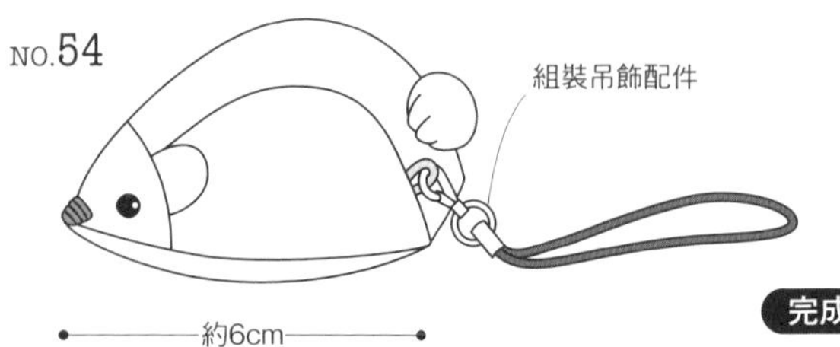


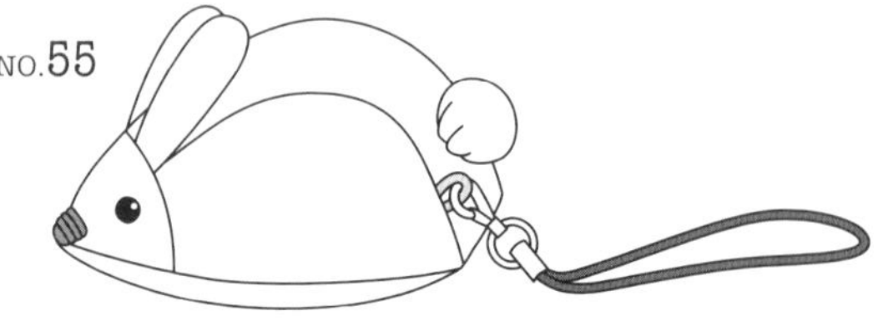


完成囉！

# No.54・No.55原寸紙型

尾巴（A布1片）

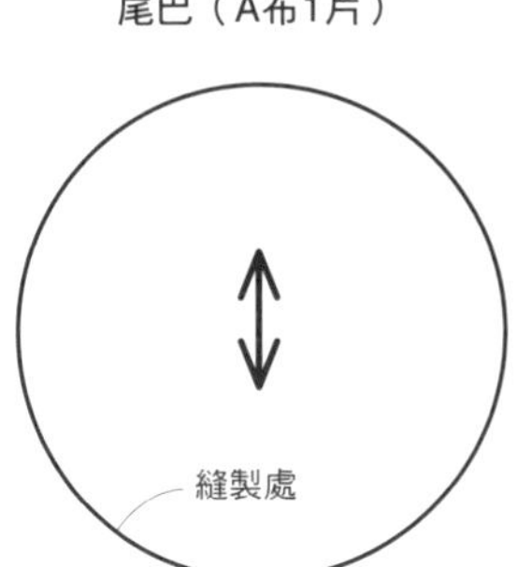


No. 54耳朵（A布1片）

No.55耳朵（A布4片）

頭部（A布1片）

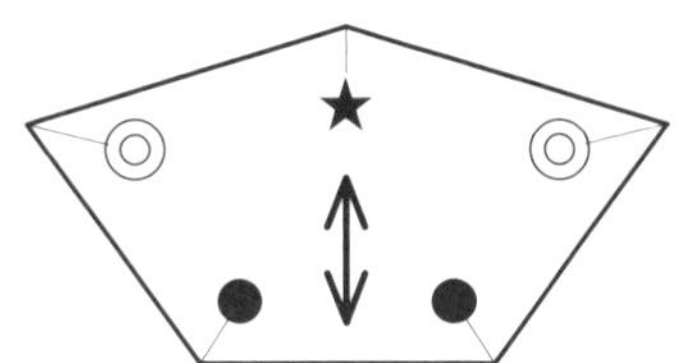

★ ◎ ● ○ 為合印記號

腹部（E布1片）

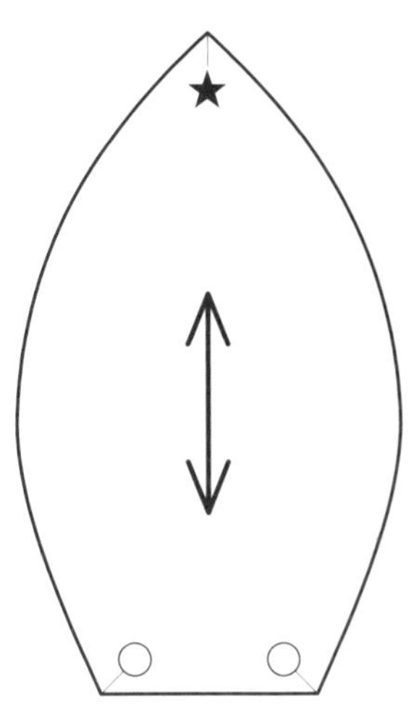

身體（C布・D布・對稱各1片）

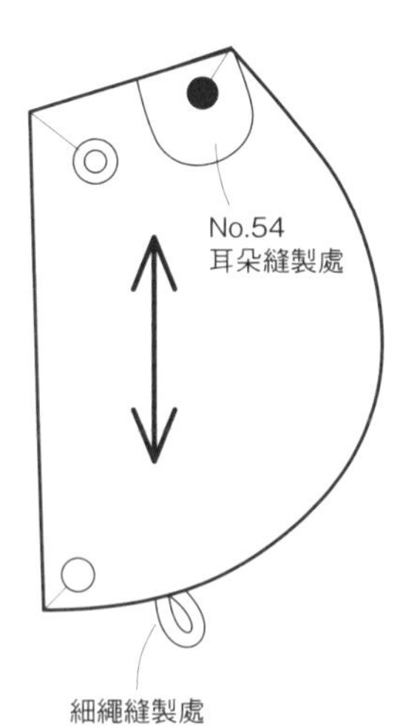


背部（B布1片）

No.55耳朵縫製處

◆紙型不含縫份。除了耳朵之外，請外加縫份0.5cm後再進行裁剪。

## 圓形原寸紙型

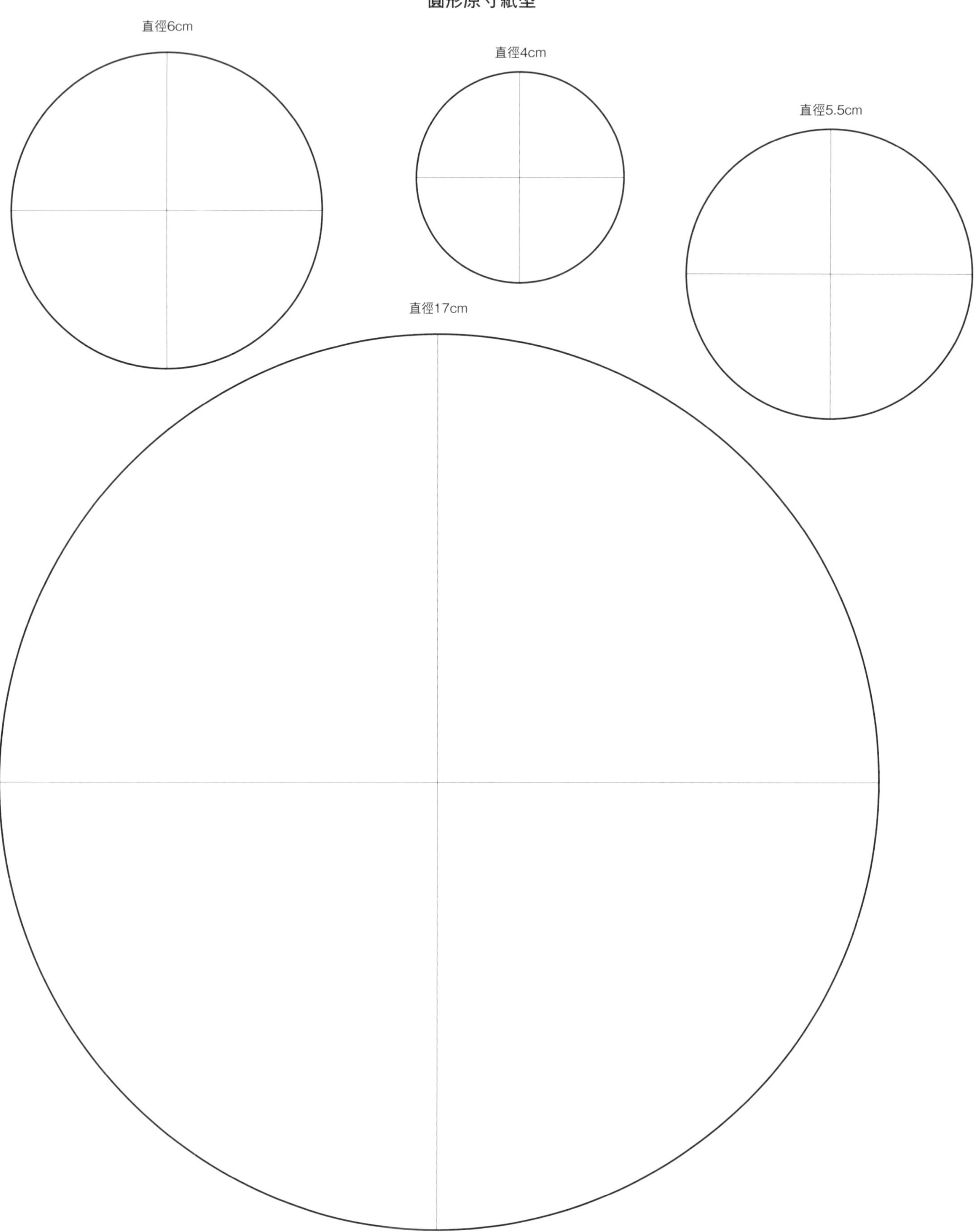

# Elegantbooks
# 以閱讀，享受幸福生活

趣・手藝 01

雜貨迷の魔法橡皮章圖案集
mizutama・mogerin・yuki◎著
定價280元

趣・手藝 02

大人&小孩都會縫的90款馬卡龍可愛吊飾
BOUTIQUE-SHA◎著
定價240元

趣・手藝 03

超Q不織布吊飾就是可愛嘛！
BOUTIQUE-SHA◎著
定價250元

趣・手藝 04

138款超簡單不織布小玩偶
BOUTIQUE-SHA◎著
定價280元

趣・手藝 05

600+枚馬上就好想刻的可愛橡皮章
BOUTIQUE-SHA◎著
定價280元

趣・手藝 06

好想咬一口！
不織布的甜蜜午茶時間
BOUTIQUE-SHA◎著
定價280元

趣・手藝 07

剪紙x創意x旅行！
剪剪貼貼看世界！154款世界旅行風格剪紙圖案集
Iwami Kai◎著
定價280元

趣・手藝 08

動物・雜貨・童話故事：80款一定要擁有的童話風繡片圖案集—用不織布來作超可愛的刺繡吧！
Shimazukaori◎著
定價280元

趣・手藝 09

刻刻！蓋蓋！一次學會700個超人氣橡皮章圖案
naco◎著
定價280元

趣・手藝 10

女孩の微幸福・花の手作——39枚零碼布作の布花飾品
BOUTIQUE-SHA◎著
定價280元

趣・手藝 11

3.5cm×4cm×5cm甜點變身！大家都愛の馬卡龍吊飾
BOUTIQUE-SHA◎著
定價280元

趣・手藝 12

超圖解！手拙族初學
毛根迷你動物の26堂基礎課
異想熊・KIM◎著
定價300元

趣・手藝 13

動手作好好玩の56款寶貝の玩具：不織布×瓦楞紙×零碼布：生活素材大變身！
BOUTIQUE-SHA◎著
定價280元

趣・手藝 14

隨手可摺紙雜貨：75招超便利回收紙應用提案
BOUTIQUE-SHA◎著
定價280元

輕・布作 01

親手作・隨身背の輕和風緞帶拼接包
BOUTIQUE-SHA◎著
定價280元

輕・布作 02

換持手變多款
一學就會の吸睛個性包
BOUTIQUE-SHA◎著
定價280元

輕・布作 03

親手縫・一枚裁
38款布提包&布小物
高橋惠美子◎著
定價280元

輕・布作 04

馬上就能動手作的
時髦布小物
BOUTIQUE-SHA◎著
定價280元

雅書堂 EB 新手作
雅書堂文化事業有限公司
22070新北市板橋區板新路206號3樓
facebook 粉絲團:搜尋 雅書堂
部落格 http://elegantbooks2010.pixnet.net/blog
TEL:886-2-8952-4078 · FAX:886-2-8952-4084

輕・布作 15

# 手縫OKの可愛小物
# 55個零碼布驚喜好點子

作　　者／BOOTIQUE-SHA
譯　　者／洪鈺惠
發 行 人／詹慶和
總 編 輯／蔡麗玲
執行編輯／李盈儀
編　　輯／林昱彤・蔡毓玲・詹凱雲・劉蕙寧・黃璟安
封面設計／周盈汝
美術編輯／陳麗娜
內頁排版／造極
出 版 者／Elegant-Boutique新手作
發 行 者／悅智文化事業有限公司
郵政劃撥帳號／19452608
戶　　名／悅智文化事業有限公司
地　　址／新北市板橋區板新路206號3樓
電　　話／(02)8952-4078
傳　　真／(02)8952-4084
網　　址／www.elegantbooks.com.tw
電子信箱／elegant.books@msa.hinet.net

2013年06初版一刷　定價 280 元

Lady Boutique Series No.3520
TENUI DE TSUKURERU CHIISANA NUNO-KOMONO

經銷／高見文化行銷股份有限公司
地址／新北市樹林區佳園路二段70-1號
電話／0800-055-365　傳真／(02)2668-6220
星馬地區總代理：諾文文化事業私人有限公司
新加坡／Novum Organum Publishing House (Pte) Ltd.
20 Old Toh Tuck Road, Singapore 597655.
TEL： 65-6462-6141　FAX：65-6469-4043
馬來西亞／Novum Organum Publishing House (M) Sdn. Bhd.
No. 8, Jalan 7/118B, Desa Tun Razak, 56000 Kuala Lumpur, Malaysia
TEL：603-9179-6333　FAX：603-9179-6060


國家圖書館出版品預行編目(CIP)資料

手縫OK的可愛小物：55個零碼布驚喜好點子 / Boutique-sha著. -- 初版. -- 新北市：新手作出版：悅智文化發行, 2013.06
面；　公分. -- (輕.布作；15)
ISBN 978-986-5905-28-6(平裝)

1.縫紉 2.手工藝

426.3　　102010525